U0290247

汉 语 知 识 丛 书

自然语言处理答问

李 维 郭 进 著

商务印书馆
The Commercial Press

2020年·北京

图书在版编目(CIP)数据

自然语言处理答问/李维,郭进著.—北京:商务印书馆,2020
(汉语知识丛书)
ISBN 978-7-100-18265-2

Ⅰ.①自… Ⅱ.①李…②郭… Ⅲ.①汉语—自然语言处理—研究 Ⅳ.①TP391

中国版本图书馆 CIP 数据核字(2020)第 049751 号

汉语知识丛书
ZÌRÁNYǓYÁN CHǓLǏ DÁWÈN
自然语言处理答问
李维 郭进 著

商 务 印 书 馆 出 版
(北京王府井大街 36 号 邮政编码 100710)
商 务 印 书 馆 发 行
北京市十月印刷有限公司印刷
ISBN 978-7-100-18265-2

2020 年 6 月第 1 版 开本 787×1092 1/32
2020 年 6 月北京第 1 次印刷 印张 7⅛
定价:22.00 元

目　　录

零　缘起

自 20 世纪 80 年代起，人工智能领域见证了理性主义（rationalism）与经验主义（empiricism）的"两条路线斗争"。其中，自然语言学界的"斗争"结果是，文法学派（grammar school）与统计学派（statistical school）此消彼长，机器学习渐成主流，计算文法（computational grammar）则有断代之虞。

2018 年，李维与郭进在硅谷就自然语言解析（natural language parsing）问题进行了十次长谈，回顾并展望文法学派的机制创新与传承之路，意图呼唤理性主义回归，解构自然语言，协同攻坚人工智能的认知堡垒，遂成此作。

李维，1983 年入中国社会科学院研究生院，师从刘涌泉、刘倬先生，主攻机器翻译（machine translation），始涉足自然语言领域。毕业后在中国社会科学院语言研究所从事机器翻译研究，继而留学英国、加拿大，获 Simon Fraser University（SFU）计算语言学（Computational Linguistics）博士。1997 年起，在美国水牛城、硅谷，从事自然语言理解（Natural Language Understanding，NLU）工业实践 20 余载，为人工智能（Artificial Intelligence，AI）应用第一线的系统架构师。

郭进，1994 年新加坡国立大学计算机科学博士，主攻中文分词（Chinese tokenization）和统计模型（statistical model），成果见于《计算语言学》杂志等。1998 年赴美，先后在摩托罗拉、亚马逊、京东硅谷研究院等从事人工智能研究，探索将机器学习（machine learning）、自然语言处理（Natural Language Processing，NLP）等人机交互技术应用于互联网与物联网的解决方案。

壹　自然语言与语言形式

郭：李老师，由浅入深，我们还是从一些基本概念开始谈起吧。什么是自然语言？自然语言领域包括哪些内容？它在人工智能里面的定位又是怎样的呢？

李：自然语言（natural language）指的是我们日常使用的语言，英语、俄语、日语、汉语等，它与人类语言是同义词。自然语言有别于计算机语言。人脑处理的自然语言常有省略和歧义，这给电脑（计算机）的处理提出了挑战。

在人工智能界，自然语言是作为问题领域和处理对象提出来的。自然语言处理是人工智能的重要分支，自然语言解析是其核心技术和通向自然语言理解的关键。语言解析是我们接下来要探讨的、贯穿全书始终的话题。

计算语言学是计算机科学与语言学的交叉学科。计算语言学和自然语言处理是同一个专业领域的两个剖面。可以说，计算语言学是自然语言处理的科学基础，自然语言处理是计算语言学的应用层面。

人工智能主要有感知智能（perceptual intelligence）和认知智能（cognitive intelligence）两大块。前者包括图像识别（image recognition）和语音处理（speech processing）。随着大数据和深度学习（deep learning）算法的突破性进展，感知智能很多方面已经达到甚至超过人类专家的水平。认知智能的核心是自然语言理解,被一致认为是人工智能的皇冠。从感知跃升到认知是当前人工智能所面临的最大挑战和机遇。

理性主义直接把领域专家的经验形式化,利用符号逻辑来模拟人的智能任务。在自然语言处理领域,与机器学习模型平行的传统方法是语言学家手工编码的语言规则。这些规则的集合称为计算文法。由计算文法支撑的系统叫作规则系统(rule system)。文法学派把语言学家总结出来的语言规则形式化,从而对语言现象条分缕析,达到对自然语言深层次的结构解析。规则系统试图模拟人的语言分析理解过程。规则系统解析自然语言是透明的、可解释(interpretable)的。这个过程很像是外语文法老师在课堂上教给学生的句子分析方法。

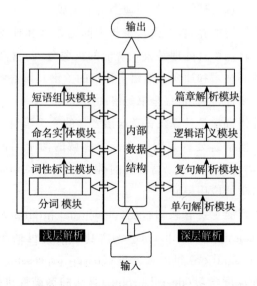

图1—1 自然语言解析器的架构图

图1—1是一张自然语言解析器(parser)核心引擎(core engine)的架构图。不必深究细节,值得说明的是,从浅层解析(shallow parsing)到深层解析(deep parsing)里面的各主要模块,都可以用可解释的符号逻辑(symbolic logic)以计算文法的形式实现。千变万化的自然语言表达,就这样一步一步地从句法关系(syntactic relation)的解析,进而求解其深层的逻辑语义(logic semantics)关系。这个道理早在1957年乔姆斯基(Chomsky)语言学革命中提出表层结构(surface structure)到深层结构(deep structure)的转换之后,就逐渐成为语言学界的共识了。

郭:现在大家都在推崇神经网络(neural network)深度学习,文法学派还有生存空间吗?理性主义在自然语言领域已经听不到什么声音了。怎样看待这段历史与趋向呢?

李:大约从30年前开始到现在,经验主义机器学习这一派,随着数据和计算资源的发展,天时地利,一直在向上走。尤其是近年来深层神经网络的实践,深度学习在不少人工智能任务上取得了突破性的成功。经验主义的这些成功,除了神经网络算法的创新,也得益于今非昔比的大数据和大计算的能力。

与此对照,理性主义符号逻辑则日趋式微。符号逻辑在自然语言领域表现为计算文法。文法学派在经历了20年前基于合一(unification)的短语结构文法(Phrase Structure Grammar,PSG)创新的短暂热潮以后,逐渐退出了学界的主流舞台。形成这一局面的原因有多个,其中包括乔姆斯基对于文法学派长期的负面影响,值得认真反思。

回顾人工智能和自然语言领域的历史,经验主义和理性主义两大学派此消彼长,呈钟摆式跌宕起伏。肯尼斯·丘吉(Kenneth Church)在他的《钟摆摆得太远》(A Pendulum Swung Too Far)一文中,给出了一个形象的钟摆式跌宕图(图1—2)。

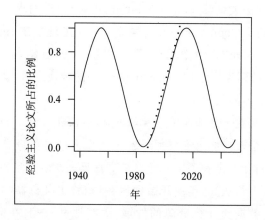

图1—2　经验主义钟摆每隔20多年有一次振荡

最近30年来,经验主义钟摆的上扬趋势依然不减(见图1—2的黑点表示)。目前来看,深度学习仍在风头上。理性主义积蓄多年,虽然有其自身的传承和创新,但还没有到可以与经验主义正面争锋的程度。当一派成为主流时,另一派自然淡出视野。

郭:我感觉业内业外有些认知上的混乱。深度学习本来只是经验主义学派的一种方法,现在似乎在很多人心目中等价于人工智能和自然语言处理了。如果深度学习的革命席卷人工智能的方方面面,会不会真的要终结理性主义的回摆呢?

正如丘吉教授所言,经验主义的钟摆已经摆得太远了。

李:我的答案是否定的。这是两个不同的哲学和方法论,各自带有其自身的天然优势和劣势,不存在一派彻底消灭另一派的问题。

当前学界经验主义一面倒的局面虽然事出有因,但并不是一个健康的状态。其实,两派既有竞争性,也有很强的互补性。丘吉这样的老一辈有识之士一直在警示经验主义一边倒的弊端,也不断有新锐学者在探索两种方法论的深度融合,以便合力解决理解自然语言的难题。

毫无疑问,这一波人工智能的热潮很大程度上是建立在深度学习的突破上,尤其是在图像识别、语音处理和机器翻译方面取得的成就上。但是,深度学习的方法仍然保留了统计学派的一个根本局限,就是对海量标注数据(labeled data)的依赖。在很多细分领域和任务场景,譬如,少数族裔语言的解析、电商数据的机器翻译,海量标注或领域翻译数据并不存在。这个知识瓶颈严重限制了经验主义方法在自然语言认知任务方面的表现。没有足够的标注数据,对于机器学习就是无米之炊。深度学习更是如此,它的胃口比传统机器学习更大。

郭:看来深度学习也不是万能的,理性主义理应有自己的一席之地。说它们各有长处和短板,您能够给个比较吗?

李:归纳一下两派各自的优势与短板是很有必要的,可以取长补短。

机器学习的优势包括:

(1)不依赖领域专家(但需要大量标注数据);

（2）长于粗线条的任务，如分类（classification）；

（3）召回（recall）好；

（4）鲁棒（robust），开发效率高。

与此对照，文法学派的优势包括：

（1）不依赖标注数据（但需要专家编码）；

（2）长于细线条的任务，譬如解析和推理；

（3）精度（precision）好；

（4）易于定点排错，可解释。

专家编码的规则系统擅长逐字逐句的条分缕析，而学习出来的统计模型则天然长于全局结论。如果说机器学习往往是见林不见木的话，计算文法则是见木不见林。大数据驱动的机器学习虽然带来了鲁棒和召回的长处，但对细线条的任务较易遭遇精度的天花板。所谓鲁棒，是 robust 的音译，也就是强壮、稳健的意思，它是在异常和危险情况下系统生存的关键。专家编写规则虽然容易保障精度，但召回的提升则是一个漫长的迭代过程，鲁棒性则决定于规则系统的架构设计。规则系统的基础是可解释的符号逻辑，容易追踪到出错的现场，并做出有针对性的排错。而这两点正是机器学习的短板。机器学习的结果不论是对是错，都难以解释，因而影响用户的体验和信赖。难以定点排错更是开发现场的极大困扰，其原因是学习模型缺乏显性符号与结构表示（structure representa-tion）。最后，学习系统能较快地规模化到大数据的应用场景，成功易于复制，方法的突破往往可带动整个行业的提升。相对而言，规则系统的质量很大程度上取决于专家的个体经验。这就好比中餐，同样的食材，不同的厨师做出来的菜肴品质常常相差很大。

两条路线各有自身的知识瓶颈。打个比喻,一个是依赖海量的低级劳动,另一个是依赖少数专家的高级劳动。对于机器学习,海量标注是领域化落地(grounding)(即落实到应用)的知识瓶颈。理性主义路线模拟人的认知过程,无需依赖海量数据在表层模仿,但难以避免手工编码的低效率。标注工作虽然单调,可一般学生稍加培训即可上手。而手工编制、调试规则,培训成本高,难以规模化。还有,人才的断层也算是文法学派的一个现实的局限。30年正好是一代人。在过去的30年,经验主义在主流舞台的一枝独秀,客观上造成了理性主义阵营人才青黄不接。

郭:李老师,我有个基本问题:文法规则依据的是语言形式(linguistic form),通过这个形式解析出语义(semantics)。那么,到底什么是语言形式呢?

李:这是自然语言形式化的根本问题。所有的文法规则都建立在语言形式的基础之上,可并不是每个人,包括从事文法工作的人,都能对语言形式有个清晰的认识。

不错,自然语言作为符号系统,说到底就是以语言形式来表达语义。话语的不同只是形式的不同,背后的语义和逻辑一定是相同的,否则人不可能交流思想,语言的翻译也会失去根基。这个道理老少咸知,那什么是语言形式的定义呢?回答这个问题就进入计算语言学了。

语言形式,顾名思义,就是语言的表达手段。乍一看语言,不就是符号串吗?语音流也好,文字串也好,都可以归结为符号串。所以,符号串就是语言形式。这个答案不算错,但失之笼统。这个"串"是有单位的,其基本单位叫 token(可译作"文本符号"),也就是单词或语素(morpheme)。语素,其定义是音义结合的最小符号单位。因此,作为第一级抽象,我们可以把语言形式分解为文本符号及其语序(word order)。计算文法中的规则都要定义一个条件模式(pattern),就是为了与语言符号串做匹配。最基本的条件模式叫线性模式(linear pattern),其构成的两个要素就是符号条件和次序条件。

郭:好,语言形式的基本要素是词/语素和语序。语序就是符号的先后顺序,容易界定;但词和语素里面感觉有很多学问。

李:不错,作为语言符号,词和语素非常重要,它们是语言学的起点。收录词和语素的词典因此成为语言解析的基础资源。顺便提一下,我们在这所说的"词典"是指机器词典,它是以传统词典为基础的形式化资源。

如果自然语言表达是一个封闭的集合,譬如,一共就只有一万句话,语言形式文法就简单了。建个库把这些语句词串全部收进去,每个词串等价于一条"词加语序"的模式规则。全词串的集合就是一个完备的文法模型。但是,自然语言是一个开放集,无法枚举无穷变化的文句。形式文法是如何依据语言形式形成规则,并以有限规则完成对无限文句的自动解析呢?

以查词典为基础的分词(tokenization),是文句解析的第一步。查词典的结果是"词典词"(lexicon word),包括语素。无限文句主要靠查词典分解为有限的单位。词典词加上少量超出词典范围的生词，一起构成词节点序列（token list）。词节点序列很重要，它是文句的形式化表示（formalized representation）。作为初始的数据结构，词节点序列是自动解析的对象。

接下来就进入语言学的基本分支了，通常叫词法（morphology），目的是解析多语素词（multi-morphemic word）的内部结构。对于有些语种，词法很繁复，包括名词变格（declension）、动词变位（conjugation）等，譬如俄语、拉丁语；有些语种的词法则较贫乏，譬如英语、汉语。值得注意的是，词法的繁简只是相对而言。譬如汉语缺乏形态（inflection），单词不变形，但是汉语的多语素复合造词的能力却很强。不过，语言学里的复合词（compound word）历来有争议，它处于词法与句法（syntax）接口的地带，其复合方式也与句法短语的方式类似。所以，很多人不把词的复合当成词法，而是看成句法的前期部分，或称小句法。

郭：以前看语言类型方面的文章，说有一个频谱，一个极端叫孤立语（isolating language），以古汉语为代表。孤立语没有词法，只有句法。另一个极端好像叫多式综合语（polysynthetic language），以某些印第安语为代表，基本上只有词法，没有句法。多数语言处在两个极端之间，现代汉语和英语更多偏向孤立语这边，小词法大句法。是这样吗？

李：对，是这样的。撇开词法句法比例的差别，我们在研究词和语素的时候，第一眼看到的是它的两大类别：一类是小词（function word）和形态，是个较小的封闭集合；一类叫实词（notional word），是个开放集合。实词范畴永远存在"生词"，词典是收不住口的。

小词,其实只是俗称,术语应该叫功能词、封闭类词或虚词,指的是介词、代词、助词、连词、原生副词(original adverb)、疑问词、感叹词之类。形态包括前缀(prefix)、后缀(suffix)、词尾(ending)等材料,也是一个小的集合。小词和形态出现频率高,但数量有限。作为封闭类语素,小词和形态需要匹配的时候,原则上可以直接枚举它们,软件界称其为匹配直接量(literal)。至此,我们至少得到了下面几种语言形式可以作为规则的条件:①语序;②小词;③形态。不同的语言类型对这些形式的倚重和比例不同。例如,俄语形态丰富,对于语序和小词的依赖较少;英语形态贫乏,语序就相对固定,小词也比较丰富。

那么实词呢?实词当然也是语言形式,也可以尝试在规则模式中作为直接量来枚举。但是,因为实词是个开放集,最好给它们分类,利用类别而不是直接量去匹配实词,这样做才会有概括性。人脑对于实词也主要靠分类来总结抽象的。给词分类并在词典中标注分类结果是形式化的基础工作。

形式系统里面,分类结果通常以特征(feature)来表示和标注。特征是系统内部定义的隐性语言形式。隐性形式(implicit form)是相对于前面提到的显性形式(explicit form)而言。很显然,无论语序还是语素,它们都是语言符号串中可以看得见的形式。分类特征则不然,它们是不能直接感知的。这些特征作为词典查询的结果提供给解析器,支持模式匹配(pattern matching)的形式条件。

总结一下自动解析所依据的语言形式,主要有三种:①语序;②直接量(尤其是小词和形态);③特征。前两种是显性形式,特征是隐性形式。

语言形式这么一分,自然语言一下子就豁然开朗了。管它什么语言,不外乎这三种形式的交错使用,搭配的比例和倚重不同而已。所谓文法,也不外乎用这三种形式形成规则,对语言现象及其背后的结构做描述而已。

三种语言形式可以嫁接。显性形式的嫁接包括重叠式(reduplication),如:"高高兴兴""走一走"。它是语序与直接量嫁接的模式(AABB、V—V),是中文词法句法中常用的形式手段。显性形式也可以特征化。特征化可以通过词典标注实现,也可以通过规则模块或子程序赋值得出。例如,"形态特征"(如单数、第三人称、现在时等)就是通过词法模块得出的特征。形态解析所依据的条件主要是作为直接量的形态词尾(inflectional ending)以及词干(stem)的类型特征,例如,英语词尾"-ly"与形容词词干结合成为副词(beautiful-ly)。可见,形态特征也是显性形式与隐性形式的嫁接结果。

郭:从语言形式的使用看,可以说欧洲语言比汉语更加严谨吗?

李:是的。从语言形式的角度来看,欧洲语言确实比汉语严谨。欧洲语言内部也有不小的区别,例如,德语、法语就比英语严谨,尽管从语言形成的历史上看,可以说英语是从德语、法语杂交而来的。

这里的所谓"严谨",是指这些语言有比较充分的显性形式来表达结构关系,有助于减少歧义。汉语显性形式不足,因此增加了汉语解析(Chinese parsing)的难度。形态是重要的显性形式,如名词的"性数格"(gender, number and case),动词的"时体态"(tense, aspect and voice),这些词法范畴是以显性的形态词尾来表达的。但是这类形态汉语里没有。

形态丰富的语言语序比较自由,譬如俄语。再如世界语(Esperanto)的"我爱你"有三个词,可以用六种语序任意表达,排列组合。为什么语序自由呢?因为有宾格(object case)这样的形态形式,它跑到哪里都逃不出动宾(verb-object)关系,当然就不需要依赖固定的语序了。

汉语在发展过程中,没有走形态化的道路,而是利用语序和小词在孤立语的道路上演化。英语的发展大体也是这个模式。从语言学的高度看,形态也好,小词也好,二者都是可以感知的显性形式。但是,形态词尾的范畴化,比起小词(主要是介词),要发达得多。动词变位、名词变格等形态手段,使得有结构联系的语词之间产生一种显性的一致关系(agreement)。譬如,主谓(subject-predicate)在人称和数上的一致关系,定语与中心词在性数格上的一致关系等。关系有形式标记,形态语言的结构自然严谨得多,减少了结构歧义的可能。丰富的形态减低了解析对于隐性形式和知识的依赖。

郭:常听人说,中文是"意合"式语言,缺少硬性的文法规范,是不是指的就是缺乏形态,主要靠语义手段来分析理解它?

李:是的。从语言形式化的角度看,语义手段表现为隐性形式。所谓"意合",其实就是关联句词之间的语义相谐,特别是谓词(predicate word)结构里面语义之间的搭配(collocation)

常识。譬如,谓词"吃"的对象是"食品"。这种常识通常编码在本体知识库(ontology bank)里面。董振东先生创立的"知网(HowNet)"①就是这样一个本体(ontology)常识的知识库。

再看形态与小词的使用。譬如,"兄弟"在汉语里是名词,这个词性是在词典标注的。但是世界语的"frato(兄弟)"就不需要词典标注,因为有名词词尾"-o"。再如复数,汉语的"兄弟们"用了小词"们"来表示复数的概念;世界语呢,用词尾"-j"表示,即"fratoj(兄弟们)"。乍一看,这不一样么? 都是用有限的语言材料,做显性的表达。但是,有"数"这个词法范畴的欧洲语言(包括世界语),那个形态是不能省略的。而汉语的复数表达,有时显性有时隐性,这个"们"不是必需的,如:

三个兄弟没水喝。

这里的兄弟复数就没有小词"们"。实际上,汉语文法规定了不允许在数量结构后面加复数的显性形式,譬如不能说"三个兄弟们"。换句话说,中文"(三个)兄弟"里的复数是隐性的,需要前面的数量结构才能确定。

郭:看来缺乏形态的确是中文的一个挑战。中文学起来难,自动解析也难。有人甚至说,中文根本就没有文法。

李:那是偏激之词了。不存在没有文法的语言。假如语言没有"法",那么人在使用时如何把握,又如何理解呢? 只不过是,中文的文法更多地依赖隐性形式。

汉语文法的确比较宽松,宽松表现在较少依赖显性形式。

---

① "知网"(HowNet)是中国自然语言处理前辈董振东先生发明的跨语言的语义机器词典。这套词典为词义的本体概念及其常识编码,旨在设立一套形式化语义概念网络,以此作为自然语言处理的基础支持。

语句的顺畅靠的是上下文语义相谐，而不是依靠严格的显性文法规则。譬如形态、小词、语序，显性形式的三个手段，对于汉语来说，形态基本上没有，小词常常省略，语序也很灵活。

先看小词。譬如，介词、连词，虽然英语有的汉语基本都有，但是汉语省略小词的时候远远多于英语。这是有统计根据的，也符合我们日常使用的感觉：中文，尤其是口语，能省则省，显得非常自由。对比下列例句，可见汉语中省略小词是普遍性的：

① 对于这件事，依我的看法，我们应该听其自然。

　　As for this matter，in my opinion，we should leave it to nature.

② 这件事我的看法应该听其自然。

　　* This matter my opinion should leave it to nature.

类似句子②在汉语口语里极为常见，感觉很自然。如果尝试词对词译成英语，则完全不合文法。汉语和英语都用介词短语（prepositional phrase，PP）做状语，可是汉语介词常可省略。这种缺少显性形式标记的所谓"意合"式表达，确实使得中文的自动化处理比英文处理难了很多。

郭：汉语利用语序的情况如何？常听人说，形态丰富的语言语序自由。汉语缺乏形态，因此是语序固定的语言。中文一般被认为是"主谓宾（SVO）"固定的语言。

李：可惜啊，并非如此。按常理来推论，缺乏形态又常常省掉小词，那么，语序总该固定吧？可实际上，汉语并不是持孤立语语序固定论者说的那样语序死板，其语序的自由度常超出一般人的想象。

拿最典型的主谓宾句型的变式来看，SVO 三元素，排列

16

的极限是六种组合。世界语的形态不算丰富，论变格只有一个宾格"-n"的词尾，主格（subject case）是零形式。它仍然可以采用六种变式的任意一个语序，而不改变"SVO"的逻辑语义关系（logic-semantic relation）。比较一下形态贫乏的英语（名词没有格变，但是代词有）和缺乏形态的汉语（名词代词都没有格变），是很有意思的。世界语、英语、汉语三种语言SVO 句型的自由度对比如下：

①SVO：Mi manĝis fiŝon.

　　　I ate fish.

　　　我吃了鱼。

②SOV：Mi fiŝon manĝis.

　　　* I fish ate.

　　　我鱼吃了

③VOS：Manĝis fiŝon mi.

　　　* Ate fish I.

　　　? 吃了鱼我。（口语可以）

④VSO：Manĝis mi fiŝon.

　　　* Ate I fish.

　　　* 吃了我鱼。（解读不是 VSO，而是"吃了我的鱼"）

⑤OVS：Fiŝon manĝis mi.

　　　* Fish ate I.（不允许，尽管"I"有主格标记）

　　　? 鱼吃了我。（合法解读是 SVO，与 OVS 正好相反）

⑥OSV：Fiŝon mi manĝis.

　　　fish I ate.

鱼我吃了。

总结一下，在六个语序中，汉语有三个是合法的，有两个在灰色地带（前标"?"，口语中似可存在），有一个是非法的（前标"*"）。英语呢？只有两个合法，其余皆非法。可见，汉语的语序自由度在最常见的 SVO 句式中，比英语要大一倍。虽然英语有代词的格变（I/me），而汉语没有，英语的语序灵活性反而不如汉语。可见，形态的丰富性与语序自由度并非必然呼应。

汉语其实比很多人想象得具有更大的语序自由度和弹性。常常是，思维里什么概念先出现，就可以直接蹦出来。再看一组例子：

张三眼睛哭肿了。

眼睛张三哭肿了。

哭肿张三眼睛了。

张三哭肿眼睛了。

哭得张三眼睛肿了。

张三哭得眼睛肿了。

张三眼睛哭得肿了。

张三的眼睛哭肿了。

……

若不研究实际数据的话，我们很难相信汉语语序如此任性。汉语依赖隐性形式比显性形式更多，这对自动解析显然不利。我们当然希望语言都是语序固定的，这该省多少力气啊！线性模式规则就是由符号加次序构成的，语序灵活了，规则数量就得成倍增长。非语序的其他形式约束可以在既定的模式里面调控，唯有语序是规则编码绕不过去的坎儿。

贰　语言的符号模型

郭：李老师，要想让电脑处理自然语言，需要对自然语言建模。那么，什么是语言模型？统计模型与文法派的符号模型有何区别？

李：对于统计路线，语言模型（language model）就是判断一句话是否属于对象语言的概率模型。也就是说，不是像传统模型那样判断输入字符串为合法、非法，而是给出合法的概率。符号路线这边，语言模型就是用形式语言（formal language）编写的自然语言文法，用于解析文句的结构。以文法为基础编译（compiling）出来的规则系统就是解析器（parser），形式语言理论里面称为自动机（automata）。

郭：对于任何软件系统，需要搞清楚的关键是数据结构（data structure）和算法（algorithm）。那么，对于文法学派，自然语言形式模型的数据结构是怎样的呢？

李：对于解析器，输入的是文句字符串，输出是反映文句解析结果的逻辑语义结构图（structural graph）。连接输入和输出的是系统内部的数据结构，它是针对输入对象的数据模型。

在多层解析系统中，每一层模块都是解析的一个环节。模块之间需要一个有足够弹性的内部数据结构作为模块接口。因为解析通常限于一个句子之内，所以建模首先要定义一个数据结构 TokenList，作为自然语言文句的形式模型。TokenList 定义为由 N 个词节点构成的列表：

TokenList ＝ ＜[T₁]，[T₂]，…… [Tₙ₋₁]，[Tₙ]＞

其中，词节点 T 是解析的基础单元，它是自然语言语素和单词的模型。词节点 T 的数据模型主要包括下面几个属性域：ID 是编号，STRING 存放原词（直接量），STEM 存放形态解析后的词干（直接量），SENSE 存放词义（直接量），FEATURES 是该词相关的特征，最后，LINKS 记录本词与其他词有向联系的关系类型以及其"父节点（parent node）"的编号。数据模型示意如下：

ID	STRING	STEM	SENSE	FEATURES	LINKS

多层解析（multi-level parsing）的过程大体是这样的。待解析的文本首先经过前处理，包括把文本切割成段落，段落切割成文句字符串，然后把一句一句字符串作为输入，馈送给解析器。换句话说，句法解析器的输入，原则上不超出句子范围。

输入文句经过分词和词典查询，字符串转化为内部的数据结构 TokenList，这个数据结构就是贯穿多层解析模块的共通接口。初始的数据结构主要是单词直接量和词典特征（lexicon feature）。每个模块所做的解析，体现在对于这个数据结构的信息更新上。等到解析完成，字符串就从线性符号序列解析为结构图。下面的表 2—1 是一个简单的英文句子句法解析（syntactic parsing）完成以后的内部数据结构示意框架。

表 2—1　文句的内部数据结构 TokenList

ID	STRING	STEM	SENSE	FEATURES	LINKS
1	This	this	this	det	<synS,2><S,2>
2	is	be	be	V,linkV,pred	
3	my	my	my	poss,human	<M,4>
4	bank	bank	bank1	N,institution	<O,2>
5	.	.	.	EOS,punc	

说明:(符号特征列表清单详见书后附录二"解析结构图图例"。)

det 限定词,synS 句法主语,S 逻辑主语;

linkV 连系动词,V 动词,pred 谓语;

poss 所有格,human 人,M 定语;

bank1 义项 1,N 名词,institution 机构,O 宾语;

punc 标点符号,EOS 句末特征。

表 2—1 中的 LINKS 记录有相联系的依存关系类型,例如,<O,2>表示本节点"bank"与 2 号词父节点"is"链接,做 2 号词的宾语(O),表示的是动宾关系类型。可见,LINKS 记录了作为解析结果的依存图,画出图来就是这样(见图 2—1):

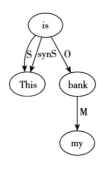

图 2—1　LINKS 示意图

21

郭：明白了。作为接口数据，内部数据结构主要有三部分信息：直接量、特征和链接。上一讲您说到特征是隐性形式。词的直接量作为条件可能失之太严，很抽象的词类特征又往往失之过宽。所以建议用丰富的中间特征在不同的维度上来描述词与词之间的关系。您能概要介绍一下您所采用的特征都有哪些维度和有什么样的区分吗？

李：对于符号逻辑，特征设计是形式化系统内部对于知识的描述和组织。作为可以查询匹配的隐性形式，特征支持自然语言系统的自动解析。

特征本身也是符号，但它是设计者在系统内部定义的概括语言符号的"元符号"，计算机领域叫作"保留字（reserved word）"，区别于原文直接量。特征使用的多少，决定了系统的知识含量。无论是语言学知识，还是语言外知识（本体常识、领域知识等等），知识形式化的第一步都是用特征去定义知识元素。词典用给词标注特征的方式建立词到知识元素的映射，从而调用知识库中预定义的特征之间的知识链条或符号规则。中文解析尤其依赖于丰富的特征。知识贫乏的系统很难应对解析中文所面对的挑战。

赋能计算机自动解析语言结构，必须做到形式化、可计算。所谓形式化可计算，就是要求按照程序捕捉语言现象，自动完成解析。面对一个中文字串，直观的捕捉方式就是用单字序列的正则表达式（regular expression），这是最直接的形式化线性模式规则。但单字都是直接量，没有抽象度。如果需要系统具有语言概括的能力，就回到你刚才的话题，也就是要为字词定义一批词典特征，从而可以由直接量的匹配跃升

22

到特征的匹配。这样,形式化的规则就可以具备概括泛化的能力。

特征的本质就是一个"逻辑或(logical OR)"关系的元素集合。词典特征与枚举词的"宏指令(macro)"等价。如果词典不标注一个特征,规则可以用"宏调用(macro call)"等价代替,扩展开来就是直接量的枚举。这样看规则模式,最终归结为字词序列,与输入字符串同质。模式匹配就是在输入字符串里尝试匹配它的子串。"有限状态(finite-state)"的模式匹配其实就是这么简单,都在正则表达式的延长线上。

以前说过,对于名词、动词、形容词这三大类开放词(open-ended word),我们如果不给它标注特征,就难以对它进行概括。每一个特征划分,都是把大类从不同的角度分解成小的子类(subclass)。假如词典里名词有一万个词条,其中一个反映家具的子类有 200 个词,我们就定义一个特征 furniture(家具),给这个子集做标注。作为符号条件,这就等于把这 200 个词的直接量用"逻辑或"连在一起。furniture 的上位节点是 product(产品),那就远不止这 200 词了,它可能涵盖数千个词,包括与 furniture 平行的 electronics(电子)类产品,如"电视机"等。这样一种特征上下位的链条关系可以帮助实现最简单的推理:如果"桌子"是 furniture 的话,它必然就是 product,如果是 product,它必然是一个 physical-object(物品)。到了 physical-object 这一级的话,它概括的就远不是几千个词,可能是"万"这个量级的词汇了。

以上这些大类或子类就是对于开放词的特征定义和划分,叫静态特征,在特征词典里可以直接查到。词典特征定义了词汇表中的一个子集。只要可以帮助规则捕捉不同颗粒度的语言现象，就可以从任意角度定义词汇子集作为特征。

特征设计追求的是定义清晰，特征保留字要选个好的助记名，以便于规则的纠错和维护。定义的边界越清晰，对于捕捉不同现象的帮助就越大，系统维护成本也就越低。

静态特征以外还有动态特征。动态特征是经由规则结论给出的特征，涵盖词法特征、句法特征（syntactic feature）、逻辑语义特征等。这些特征体现的是语言学的不同模块对于语言现象在不同层面的操作或解析的结果，并非词典查询可以涵盖。

郭：文句的数据结构明白了。那么，在上面做功的规则呢？规则长得是什么样子？规则又是如何实现模式匹配，达到语言解析的呢？

李：规则就是一个"产生式（production）"。产生式的两要素是条件模式与动作结论，规则以节点序列表示。

产生式规则：［条件：动作］　［条件：动作］……［条件：动作］

条件模式的本质就是一个正则表达式。其中每个"［节点］"都分为条件与动作两部分，表示模式匹配成功后对于节点所做的操作。节点序列的顺序是自左向右，构成线性模式规则（pattern rule）。下面给出一条简单的规则"伪码（pseudocode）"，以及规则与下列例句的匹配结果（见图 2—2）：

输入：输入是字符串

规则：［V：<S，2>］　［"是"：CL］　［N：<O，2>］

输出：

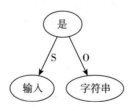

图 2—2 作为解析输出的依存结构图

这条规则的模式条件是:[V]["是"][N],模式匹配成功后建立了两个"二元依存关系(binary dependency)",一号词 V 与 2 号词"是"的主语(S)关系,三号词 N 与 2 号词"是"宾语(O)关系。此外,规则还给"是"赋值 CL(clause)的动态特征,表示主谓宾齐全形成了子句。动态特征也是解析结果的一部分。

可见,规则的动作就是对数据结构的信息更新操作,也称作模式匹配成功后的"副作用"。比如说节点之间建立新的链接(二元依存关系),赋值或删除一个特征,确定短语的边界和中心词,这些都是它的操作。

自然语言解析涉及语言学的多个层面:词典、语音、词法、句法、语义、语用(pragmatics);如果做跨句解析,还有篇章(discourse)等。每个模块的工作,就是更新代表语言对象的数据结构信息,其中主要的操作就是赋值相关的特征和链接相关的词。在一个多层管式系统(multi-level pipeline system)中,前一个模块所更新的数据结构信息,自然成为后面模块的潜在条件。数据结构从而成为贯穿多层模块的数据流(data stream)。这样层层深入,最终达成语言的深层解析。

于是,语言形式在数据结构的表示中映射为一种逻辑形式(logical form),从而完成语言解析的形式化表示。

郭:词典特征已经说了很多,接下来,李老师再说说语音学(phonetics)方面的特征吧。

李:语音学方面的特征涵盖看得见摸得着的形式。特征的抽取和赋值单纯直接。语音特征定义清楚后,通常是在前处理阶段写个子程序或函数来实现特征赋值。

语音学范畴的特征,首先是音节数。例如,单音节、双音节、三音节和多音节。这对于帮助消除中文结构的歧义,常常是很有效的约束。不同结构的音节数倾向性不同。譬如,除非是已经在词典里固化的习惯表达,3—1型定中结构作为自由组合,头重脚轻站不住。所以我们说:"学雷锋—小组"(3—2定中),一般不说"*学雷锋组"(3—1定中);"看电影—瘾头"不说"*看电影瘾"。而1—3型动宾结构则非常普遍、自然:"行万里路、爬太行山、吃XY饭、喝AB汤"等。

中文文法中有一种短语歧义现象很特别,典型例子如"学习—材料"。这个短语既可能是动宾结构的动词短语VP,也可能是定中结构的名词短语NP。可是,当双音词被单音节的同义词取代以后,歧义就消失了。"学材料"只能是动宾结构,因为1—2型定中结构除非是词典固化了的组合(如"烤—红薯"),很难在自由组合中站住。有意思的是,音节数特征从词典词的角度看,是静态特征;而从结构组合的角度看,却是动态特征。单音节"学"与双音节"雷锋"组合以后,短语"学雷锋"的音节特征需要系统动态更新为三音节。

郭:下一个主要分支是词法了,词法特征主要有哪些?中文解析和欧洲语言解析，从词法角度看，又有什么异同呢？

李：从欧洲语言形态学（morphology）的角度看，词法特征主要有动词的时态（tense）、语态（voice）、语气（mode），以及名词的性数格、形容词的比较级（comparative degree）等信息。中文缺乏形态，词法主要集中在合成词的组合及其微结构解析（micro-structure parsing）上。

对于欧洲语言，除了不规则变化中的形态特征需要词典标注以外，其他形态特征是通过对形态（主要是词尾直接量）与词干的合适类型（隐性形式）组合而来。这个任务琐细繁杂，但由于词法的范围限定在词的边界之内，总体上是可以高质量解析的。多数形态解析只要能调用一个以字符为基础的正则表达式，加上一部可以提供词干类型的特征词典，即可完成。如果是所谓黏着语（agglutinating language），如土耳其语、日语、世界语，由于词缀可以层层叠加，词法解析（morphological parsing）需要叠加几层子模块。

词法解析的结果主要表示为：

（1）词干赋值：这是对数据结构中的原词直接量的规整化，例如，把"worked"规整化为词干"work"；

（2）形态特征赋值：如，plural，past，perfect，passive，comparative 等；

（3）词法结构（morphological structure）：建立语素之间的结构链接，合成词还需要确定哪个语素为主（"头语素"）。

组合的结果，如果是词法规则使然，那么指的是结构和语义透明的"白箱子"；如果在词典里面标注，大多是"黑箱子"，可以当作一个原子性结构（atomic structure），即一个单词来处理，通常不必展开其"微结构（micro-structure）"，但可以标注微结构的概貌。例如，名词"利率"的微结构概貌特征就是"定中"（定语"利"加中心词"率"的词典合成词），不必真的把微结构展开为一棵"子树（subtree）"。

对于形态缺乏的中文，词法特征主要是关于合成词的构词信息，揭示词法结构。中文的造词能力很强，因此词法模块成为短语模块前的一个重要环节。现代汉语中，除了小词和少量的常见单音节实词（"水""饭""天""好""走"等）外，如果两个撂单的罕见汉字紧挨着，十有八九是词典未及收录的合成词。这类"启发式（heuristic）"中文造词趋势（启发式是领域常用术语，指的是语言现象的趋向，不是铁律，可能有例外），可以用来细化为一组合成词的兜底规则，对于解析往往有利。此外，利用这样的启发式趋势，给领域大数据做"N元组聚类（N-gram clustering）"，也可以给领域词汇的自动"习得（acquisition）"以指导，帮助实现系统的领域移植和优化。

语言学教科书上通用的说法是，语素是词法的起点，词是词法的终点。那么进入句法模块，词则是句法的起点，句子是句法的终点。可见，词是词法、句法的接口单位。

郭：好，这就回到了自动解析最基本的词定义的问题。作为词法、句法的接口，这道线如何划分？这也关系到三个模块之间的关系问题：词典模块、词法模块和句法模块。李老师，中文里面到底什么是词？

李：词的定义是语言学中非常重要的问题。中文词的定义争议更大，尤其值得探讨。

事实上，如何定义中文词，多年来一直是汉语语法学家的中心话题,迄今没有一个精确的定义可以为不同流派的语言学家共同接受。

关于词的定义,有两个概念需要区分,很多争议也是出自这两个概念的混淆。第一个概念是"词典词";第二个概念是语言学意义上的"文法词(grammar word)",即作为句法起点的最基本的语言单位(linguistic unit)。定义不清晰、不完备的,指的是后者。文法词是语言解析中大于或等于语素和小于或等于短语的中间单位。换句话说,文法词是词法解析和句法解析的接口单位。这个定义虽然很大程度上凝聚了语言学家的共识,但它却不具备语言处理所需要的可操作性。一种可行的替代方法是在系统内定义文法词,而在操作上立足于词典词,并对汉语词法句法的分工和接口予以协调。

词典词针对词典来说,其界限是清晰的,每个词条即定义为一个词典词。从自动处理的角度看,结构图的"叶子节点(leaf node)"落在词典查出来的词条上,解析就完成了。词典词内部的微结构不需要解析,可以由词典标注绑定。从这个意义上说,只要把分词标准定义在一个公开的大词典上,分词的定义就算明确了。然而,当分词标准定位在文法词单位的时候,分词便成为非良定义(ill-defined)的任务。很多人为此而纠结。

虽然文法词不容易精确定义,但它显然与词典词有所不同。由于词典无法收全合成词,显然文法词并非都是词典词。比如说"可读性",容量稍大一点的词典里面会收这个词,但词典里一般没有"可观察性"。实际上"可读性"和"可观察性"是同一种结构,具有相同的透明性,在句子中也起着相同的作用。没有语言学的理由把其中的一个作为词,把另外一个作为非词。但是,前者是词典词,后者是通过词法规则自由组合的单位。另一方面,由于词典里的成语和习惯用法词条常有复杂的句法结构,词典词自然不能局限于文法词的外延。下面是一组词典词:

①性:[抽象名词 后缀]

②洗:[及物动词]

③澡:[抽象名词]

④澡盆:[合成词]

⑤洗澡:[VP 动宾]

⑥他们:[代词 复数]

⑦可读性:[抽象名词 合成词]

⑧城门失火,殃及池鱼:[CL 成语]

从文法上来说,它们不一定是相同的"句法单位(syntactic unit)"。"性"用作所谓"类后缀(quasi-suffix)",它本身是比词小的语素。产生的组合是介于合成词与派生词(derived word)之间的抽象名词。"洗澡"是动宾结构的动词短语[VP],"城门失火,殃及池鱼"表现为一个句子[CL],都大于词。这样看来,文法词的概念可以在系统内部由语言工作者自己设计、表示和协调。譬如,把词典词中的非文法词直接标注出来,上例中的⑤标注为[VP],例⑧标注为[CL],并以[合成词]特征标注例⑦"可读性",以此与规则赋值合成词特征的"可观察性"统一。

文法词一直是普通语言学中一个有争议的基本话题,其准确定义在汉语语言学中尤其困难。词作为词法解析终点与句法解析起点的语言学定位,使得中文里大量的开放类合成词处于词法、句法之间的灰色地带。"语素—词—短语"是语言现象中的一个连续频谱。不同的文法模型和理论可能会有不同的划分,并不存在一个黑白分明的绝对标准。重要的是要在系统内协调好这些语言单位。

郭:就算用词典词作为规范,那么生词呢? 对生词没有合适的界定,这个定义还是不完备的。此外,词典的大小也没一定之规,即便是共同体发布的大词典,也常常招致批评。

李:是的,没有生词的界定,定义是不完备的。

至于词典的大小,的确没有一定之规。不同领域不同应用,甚至同一个系统处于研发的不同阶段,词典都会不断变化和定期升级。但是从工程上讲,在一个特定的版本中,一个系统的词典范围是确定的。而对于研究界的比赛等活动,以共同体发布的词典最新版本作为规范即可。

生词在学界称为 OOV(out-of-vocabulary),直译叫"词典外词",正好给词典词补足了完备定义所需的外延。具体说来,中文文本中的 OOV 不外乎由两种材料构建:一种是汉字,一种是非汉字的其他字符。有意思的是,中文从语素角度来看,没有 OOV。因为词典是可以收全汉字的,汉字也符合词典词的定义。汉字是有限的集合,著名的《康熙字典》也不过 47000 来条,其中一大半都是生僻汉字,统计上没多大意义。如果以单个汉字作为多字词查询失败以后的后备词,以汉字串形式出现的中文文本,在工程的定义上,是不存在生词的。因此,词典词的定义对于汉字组成的中文书面语是清晰而完备的。

至于中文里面夹杂的非汉字的字符串，往往是直接搬过来的字母形式，如外国名称或术语。此外，也有阿拉伯数字、百分数、金钱数、网络地址、电子邮件、代码、公式、表情符号等。这些需要专项处理，以便识别外国"专名（proper name）"和那些被称为数据实体的对象，可以用根据自然界限分词出来的 OOV 的组合，编写正则表达式来捕捉。所谓自然界限分词，指的是非汉字字符串与周边汉字具有自然的清晰边界，字符串内部也有空格作为外文词或符号的自然边界。从分词角度看，OOV 定义也是清晰的。

总之，中文书面语从工程的角度看，可以给出以词典词为核心的清晰而完备的分词标准。剩下的文法词问题，例如，开放类派生词（如"可观察性"）和重叠（reduplication）词（如"开开心心"），可以留给词典模块后面的解析模块去处理协调。

郭：你觉得"字""词""词组"之间的界限应该怎么划分？"中国人民"到底算不算一个词？记得乔姆斯基的 X-bar 句法理论，是把词作为基本单位 X，相当于士兵，没有军衔。等到升级为词组的时候，X 上面就加了一条杠杠。词组再往上升级，就是短语了，X 身上就有两条杠杠了，跟军衔制似的，倒是挺形象的。

李：关于汉语语素的定义很少有争议。一般认为，书面语上的每个汉字对应（至少）一个语素。语素小于或等于词。

句法理论上短语的特点比较分明，表现在短语的左边界往往出现一个特定的"限定语（specifier）"。例如，名词短语往往有搭配性数量结构作为限定（如"三位教授"，"三位"就是数量结构做限定语）。与此对照，短语下面的词组和词组下面

32

的合成词,在句法表现上却差别不大,二者的左语素对于中心词均是随机的修饰性成分。因此,也有语言学家主张:在中文文法里,没有必要在词与短语之间增加词组这个层级。还有不少文法书把词组当成短语的同义词,也等于取消了词与短语之间的过渡层级。从形式化约束的角度看,句法单位分为几个层级,是文法模型根据语言规则的实际需求而做出的设计,颗粒度粗细主要看系统内部的协调。

对于中文系统的合成词,词典的收录标准和范围也无一定之规。这与人脑相同,有的人词汇量大,有的人词汇量小。词典里"中国"是一个词,"人民"是一个词,"中国人民解放军"是一个词,当然也可以收入"中国人民"这个常见的组合。四个例子从组合从结构上看,都是"定中(modifier-head)"关系。区别在语义组合(semantic composition)的透明程度有异。透明程度越低,黑箱子性质越浓,机制上就越依赖于词典记忆。词典词默认就是缺乏透明性的。像"中国人民"这样的透明组合,规则就搞定了,不用收入词典。如果收入词典,设计上要保证与规则组合得出的结果一致。

具体来看,"中国"的语义是半透明偏黑。形象地说,语素"中"与语素"国"的语义组合是 $1+1=2+1$。这是从词汇微结构角度来看"中国"这个专名。$1+1=2$ 说的是语义组合的透明性:组合语义是其元素语义之和,语言学术语叫作语义的可组合性(semantic compositionality)。从透明性角度看,"中国"是定中合成词,"中"修饰"国"("中央之国"的意思)。但是,作为国名的概念,"中国"这个词的透明性已经退居后台——"中国"的定义不能简单地归于中央之国的概念,它是特指位于亚洲东方的那个具有960万平方公里的国家。换言之,1+1=2退居后台了,产生了一个全新的词义概念,1+1=3了。这种现象叫作词汇的黑箱化。考虑到其"中央之国"的含义并未完全消失,我们也把它称作1+1=2+1现象。在"中国—人民"的组合里面,"中国"与"人民"是透明的,1+1=2,完全符合语义的可组合性。有意思的是,到了机构专名"中国人民—解放军",这个更大的合成词又转灰色了,成了1+1=3。

微信上有个广为流传的视频。是一段孩子把老爸问住了的笑话。笑话里面有不少词典黑箱化的例子,非常有趣,生动形象,不妨转录如下:

女儿:粑粑,我可以问你几个问题吗?

老爸:问吧。

图2—3 词典黑箱化示例

女儿：为什么喝酒的叫夜店，过夜的叫酒店呢？为什么站在电梯里要说是坐电梯呢？为什么明明是馍夹着肉却要叫肉夹馍呢？为什么太阳晒我要叫我晒太阳呢？为什么明明是人用的却要叫马桶呢？为什么黄瓜是绿色的呢？为什么发生了火灾不叫灭火叫救火？明明救的是人，不是火啊。粑粑，为什么，为什么？

这里面满是语言学呢。"夜店""酒店""马桶""黄瓜"等都是 1＋1＝3 的表现。"冬瓜""西瓜""南瓜""北瓜"，也同样如此，其词义需要词典最终绑定。十万个为什么，女儿可以这么一路问下去，问的就是词典黑箱化的原理。合成词的词义及其相关特征不必组合，而是直接在词典里标注，这种现象我们叫"词典绑架（lexicon enforced）"，它是语义可组合性的反面。偏偏合成词词典实际上是个灰色的箱子，还不是一团漆黑。这才有小女从字面组合意义问约定俗成的"绑架"词义。老爸不懂语言学呢，才会一脸茫然，无从应答。

郭：这个笑话好形象。其实，符号与意义之间联结的任意性，现代语言学之父索绪尔早就论证过了，所谓约定俗成。

李：是啊。约定俗成的东西，有个前提——可枚举，可死记。这集中表现在自然语言的词典里。

组合词词典的绑架原理，简单地说就是 1＋1＝3。等于 3 说的是二者相加还多了一点东西，但不排除有 1＋1＝2 的逻辑性和历史存在性。这才给较真和段子留下了空间。

昨天去面包店，看到一款叫 dirty cake 的糕点。黑乎乎的，看上去的确不干不净的，中文原名是"腌臜饼"。这与"狗不理"是一个路数的命名营销法，都是 1＋1＝3。

郭：非常有意思。词典绑架的非透明性与规则组合的透明性是自然语言的两面。自动解析系统也同样是利用词典模块与文法模块的配合，达到解析的目标，不是吗？

李：正是。

要知道，任何一个自然语言解析系统的出发点都是词典，必须要有一批"认识"的词汇作为基础。"认识"就是在词典里面能够查到相应的特征和微结构。也就是说，无论黑箱、白箱还是灰箱，词典都可以个案处理，具体地定义每个词条的"本体(ontology)"概念。这是词典和记忆的本性。

如果超出词典范围，譬如刚才说的"中国人民"没有在词典收录，那么它就需要组合起来——名词修饰名词。规则对于语言单位的自由组合一定是透明的，遵循语义可组合性原则，从其成分中组合出语义。自然语言正是因此而可以用有限的词汇材料，表达无限的语义。

词典合成词通常具有半透明半不透明的性质。但不透明的语义往往是决定性的，就是 1＋1＝3。再举个英文例子，New York(纽约)是一个词典词，指的是美国东部的一个城市。与"中国"类似，它也在地名词典里面，我们可以以此标注或检索出一大堆语义解释：大都市、地理位置、经度纬度，等等。如果没有词典的话，我们就不可能有这些额外的信息。正是词典词 1＋1＝3 这种可以额外赋予词义及其特征的特点，使得成语和习惯表达法有了容身之地。

假设 New York 不在词典里面，它一样可以用非词典词的方式组合起来，得到一个透明的定中结构。New 是形容词定语，York 是中心词，组合的语义就是"新的约克城"。仅此而已,你不能把它捆绑起来,说新的约克城一定是指美国东部的城市纽约。它也可能是指其他的地方。词典外组合,其语义只能通过其部件的语义组合出来,它没有额外的附加语义。

郭:这是说的词典词与自由组合的不同,词典可以不透明,规则必须透明。从组合的句法特性上看,词典词与我们平常感知的词的概念,不一定吻合。这也是分词界常引起争议的地方。感觉上,词的定义还是应该听语言学的,而不仅仅是一部词典。

李:道理上没错,可是语言学上也没有一个可操作的清晰完备的词定义,无论内涵还是外延。有的只是原则和理论,还有不少边界模糊的灰色区域。

因此,从语言工程的角度说,还是要以词典词为基础。用词典词作为"结构树(structure tree)"上的叶子节点,是解析的起点。词典词的内部结构可以在词典中由构词特征表示,属于隐含微结构。叶子节点以上的词典词之间的组合,一律看成是句法模块的范畴。其中最底层的结合,譬如开放型合成词、专名实体标注、数据实体标注,等等,在理论上属于词法,在工程架构上则隶属于句法模块,与大大小小的短语结构模块具有平行的地位。这样的方案,并不需要背离语言学的单位概念,而是先在架构上提供一个可操作的数据接口。而语言学里的一级级单位包括单纯词、合成词、词组、短语、单句、复句等,完全可以特征化后供结构解析之用。这些特征既可以在词典内标注给词条,也可以在组合规则中赋值和更新。这样的设计可以让语言学的层级表示与解析器里的模块层级脱钩,使得词典模块与规则模块可以在语言学意义上,由语言学专家以特征的形式在系统内协调一致。

相对于组词成句的句法结构，组字成词的词法结构相当于一个缩略版的句法结构。以词典词与简单句为例，我们可以看到"主、谓、宾、定、状、补（subject，predicate，object，modifier，adverbial，and post-predicate adjunct）"这几种主要的结构关系都是平行和对应的：

主谓词微结构：胆大（AP，hassubj）

句法结构（单句）：胆子/好-大（CL，hasS）

动宾词微结构：洗澡（VP，hasobj）

句法结构（动词短语）：洗/一-个-好-澡（VP，hasO）

谓补词微结构：砸烂（V，hasbuyu）

句法结构（动词词组）：砸/得-稀巴烂（VG，hasB）

定中词微结构：卧室（N，hasmod）

句法结构（名词词组）：休息-的/房间（NG，hasM）

偏正词微结构：频发（V，hasadv）

句法结构（动词词组）：常常/发生（VG，hasR）

并列词微结构：花草（N，hasconj）

句法结构（名词词组）：鲜花-和/草坪（NG，hasC）

事实上，微结构与句法结构虽然所处的层级可能不同（见括号内的特征），但在结构关系上却是一致的，这也是中文文法界的一个共识了。我们可以把上述六种关系定义为词法句法共用的角色特征和结构链接，供合成词词典标注用：

主谓词（hassubj），动宾词（hasobj），谓补词（hasbuyu）

定中词（hasmod），偏正词（hasadv），并列词（hasconj）

对于词典词，这些特征反映了词法内部的隐含微结构。

这些特征对于精细的解析有一定的约束作用,譬如谓补词通常不能再加句法的补语(post-predicate adjunct),这是补语唯一性趋向决定的。中文文法中的所谓补语,无论以微结构还是句法结构的形式出现,都具有以下特点:后置,唯一,常常表达结果、程度或量度等逻辑语义。这与表达谓词其他细节的状语不同,状语通常前置,出现的次数比较随意,表达多种逻辑语义(时间、地点、原因、结果、目的、程度、量度、频次、方式、条件,等等)。

郭:这么一说就清楚了,词典词就是词典模块和句法模块的数据接口单元。词典词内部的结构是微结构,由词典自身标注。词典外的组合都隶属句法模块,其中包括开放类的词法子模块。

李:对,解析器的架构里,分词与词典查询属于前处理模块,而词法是纳入句法模块的(如图2—4):

图2—4 解析器架构示图

中文解析的核心任务就是组字成词和组词成句。从语言解析的角度看,语素到词,词到词组,词组到短语,短语到单句,单句到复句,语言单位在一步步变大。这反映了短语结构"自底而上(bottom-up)"的构建过程。从解析器模块化架构的角度看,词典词和 OOV 是句法的起点。词典的重要性在于它是一切语言处理的基础。词典提供了最初的建筑材料,即词典词,它携带词典标注的所有特征,包括微结构。利用词典信息,系统可以实现词和词之间组合的泛化,形成更大的合成词、词组或短语,最后组合成句子。句法各模块,包括里面的词法子模块,都是对语言单位的层层组合,建立它们之间的结构关系。词法的组合规则跟后面的短语组合规则是同一个机制,只不过它们处于浅层解析的不同阶段而已。

叁　中文分词的迷思

郭：请教一个中文处理最基本的话题：中文分词。我注意到您的博客 NLP 频道，其中有批评领域内非常流行的几个观点，您称之为"迷思"。中文分词的迷思指的是什么？

李：指的是中文分词独有／特有论。

有一个普遍的说法是，英语或者其他欧洲语言行文有空格，词和词之间的界限是写明的。但是到了中文，词之间没有空格，于是出现了"独有"的分词问题。这个说法听上去头头是道，实际上有不少似是而非的地方。我把这叫作"中文分词的迷思"。

郭：没感觉有什么问题啊，李老师。我举一个例子，比如说"中国人民"。"中""国""人""民"这四个字的组合中有"中国""国人""人民"，还有"中国人"。这么多的字词都可以在词典中查到，如果不进行正确的分词（"中国／人民"）是无法进行后续解析的。中文书写不分词，汉字一个挨一个，词与词之间没有显性标识。因此，需要把文句切分成词。这显然是中文处理的特有问题，难道这也有错吗？

李：当然有错。这话经不起推敲，在计算语言学上更是站不住脚。

分词涉及两个不同的概念，很多时候大家说的不是同一个所指。由于概念混淆或错置，陷入迷思也就不奇怪了。

分词的第一个定义是一个前处理的过程,通用术语是tokenization(即分词),也叫 segmentation(切词),用来识别文句里面的潜在词汇。作为前提的分词,其主要目标是为了方便查词典,为文句解析提供词汇基础。这是所有语言解析系统所必需的,不仅仅是对中文。

分词的第二个定义是语言解析的结果。作为结果的分词,指的是对文句中"那个"特定词串的识别,该词串中的词是文句正确解析的基本构成单位。从"句法树(syntactic tree)"上看,就是树的叶子节点,即终结节点(terminal node)。如下面图 3—1 所示,作为根节点的名词组(Noun Group,NG)"中国人民"下辖两片叶子,作为修饰语(Modifier,M)的专名(NE)"中国"与作为中心词(Head,H)的名词(Noun,N)"人民"。

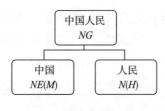

图 3—1 解析分词示例

除了真正的歧义句,一个文句只有一条"确定性(deterministic)"的词串满足这个定义。分词领域的人工标注就是依据这个定义,要求标注者基于对文句的理解来分辨词句。分词系统也是根据这个定义来判定系统的质量。

为防止概念混淆,下面的讨论把作为解析结果的分词简

42

称为"解析分词（parsing-oriented tokenization）"，作为前提的分词叫作"前处理分词（preprocessing tokenization）"。解析分词原则上要求确定性的词串，而前处理分词则不必。理论上，前处理分词可以输出包括所有候选词的词串，即穷举式算法（exhaustive algorithm）：｛中/国/人/民，中国/人民，中国人/民，中/国人/民＞｝，或其中任何一个合适的子集，供下一步文句解析选择。

值得特别注意的是：通常所说的分词是指确定性的前处理分词，但却以解析分词作为黄金标准。

郭：把结果当成前提，以结果要求前提，这个坑可不浅啊。您能展开说一说这个迷思的危害吗？它是怎样把领域带入歧途的？

李：这是很多年的思想混乱了，由来已久。譬如，常听人说："分词当然是中文处理第一关。分词没弄好，其他的免谈。"明白这个似是而非的说法吗？第一个"分词"是作为前提提出的，第二个"分词"却变成了解析分词，"弄好"指的是解析结果。移花接木就发生在这里。

上述有意无意地偷换概念的情况极其普遍，这就使得整个领域在很长的时期里陷入了这样的思维怪圈：中文解析的前提是分词，而分词成功离不开解析。这种思维的直接后果就是，一方面，我们似乎永远准备不好这个前提，从而不敢迈出下一步解析的步伐；另一方面，为了让分词模块取得更好的质量，分词研究者开始不断地添加越来越多的知识。从词法到句法，从语义到世界知识，分词模块越来越庞大。这个作为解析基础的前处理工作，实际上正在碎片化地试图重复解析的全过程。头重脚轻、本末倒置，说的就是这种怪象。为分词而分词，误导了很多年轻人。

郭：我有个问题，有没有无须分词的中文处理？

李：有啊。严格说，词可以绕过，但字绕不过去。凡是不用解析和显性语言学结构的模型，分词就不是必需的。

在中文处理的应用实践中，目前有越来越多的"端到端（end-to-end）"统计模型绕过了分词环节，直接在汉字的基础上建模。这类模型的原理在于，虽然舍弃了"分词"的操作和词法解析，但多字词作为统计意义上的 N 元组（二元组对应二字词，三元组对应三字词，等等），其实自然蕴含在模型之中。比起以词为基础的系统，以汉字为基础的语言模型，往往以鲁棒性和领域自适应性见长。

另外，领域术语、习惯表达法，以及许多常见的短语或短句，可以作为字串直接在词典内解决问题，不受分词的烦扰。一般而言，如果系统可以在数据库登录每一句话，确定其对应的语义，其实是无须分词作为前提的。语言理解和落地应用就是简单的数据库存取了。这种情形在非常狭窄的场景里，也并非是完全不可想象的。

最后，古汉语基本上都是单字词，所以古汉语解析系统原则上不需要分词，"分字"即可。

郭：我明白了，古文处理无须分词，因为都是单字词，可以自然切分。随着语言的发展，特别是词汇双音化，现代汉语更多的是二字词和多字词，所以出现了特有的分词问题，是不是这样？

李：批的就是这个"特有论"呢。前处理分词是所有语言解析共同的前提,解析分词也是所有语言解析共同的结果,二者均与特定的语言无关。"中文分词特有论"在理论上是不成立的。

多字词通常是合成词,是汉字组合而成的。汉字作为音义一体的语言最小单位(语素),既可以单独成词,也可以作为合成词的材料。不错,现代汉语的词汇表中,多字词越来越多,但多语素合成词是一个普遍现象,不为中文所专有。譬如:汉语的合成词"利率"就等价于英文的合成词"interest rate"。二者是同质的。

无论中西,合成词词汇被系统所认识,都主要靠查词典。查词典时,候选合成词的左边界或者右边界可能与其他候选词有"交叉歧义(overlapping ambiguity)",这种现象也不是中文特有的。譬如,下面这句话里的"天下",边界有交叉歧义:{今天/下,今/天下},消歧(disambiguation)后的正确分词是:

今天/下/了/一/场/雨。

英语复合副词 in particular、in general 的右边界也可能有同样性质的交叉歧义:{in particular / cases, in / particular cases};{in general / linguistics, in / general linguistics},消歧后的分词是:

In / general linguistics /, / we / study / functions / of / language /.

In general / linguistics / involves / the / scientific / study / of / language /.

无论中外,现代语言都有大量的词典合成词,因而自然语言解析离不开合成词词典的信息。合成词带来的歧义，是自然语言的一个普遍问题，只是程度的不同。消除歧义、正确识别合成词，都需要上下文的条件才能解决。中文的多字词分词及其解析，并无理论上或机制上的特别之处。

郭：这是定性。要是从量上来看，感觉中文分词比西文分词更多歧义，不是吗？

李：不错，量上的差异是显然的。这里的确有其"正字法（orthography）"的缘由。

从正字法看，西文对于空格的使用大大减少了语素构词时产生歧义的可能。譬如，同是两个语素合成的词典合成词，中文"黑板"的左右边界都可能陷入交叉歧义，英文的"blackboard"（黑板）由于两语素之间没有自然分界，就没有这个问题。中文的"分词歧义（tokenization ambiguity）"表现在"浅黑"与"黑板"的较量：{浅/黑板，浅黑/板}。交叉歧义消除后的分词其实形成了一个开放合成词（open compound）的词法微结构【（浅黑）板】，里面嵌套了词典合成词"浅黑"，示意如下：

【（浅黑）板】和/【（黄色）板】对/蓟马/的/诱集/效果/无/差异。

从正字法角度看，英文词典合成词有两类，紧密合成词（不用空格隔开的"blackboard 类"）和松散合成词（用空格隔开的"interest rate"类）。紧密合成词的好处是对于分词歧义免疫，无论是交叉歧义，还是隐含歧义（hidden ambiguity）。对于交叉歧义的免疫是由于其左右边界清晰，相邻语素无法跨越空格抢占紧密合成词内部的语素"black"或"board"。对于隐含歧义的免疫应该归功于词典的"绑架原理",正字法方面也得益于两个语素（black- 和 -board）之间不存在显性分界，这一点我们在谈词的黑箱机制时专门讲解。

中文这边，由于每个汉字都是语素，汉字串之间的自然分界使得所有的中文合成词都是松散的，缺乏天然抵抗歧义的正字法优势。由此看来，中文紧密合成词的阙如带来了大量的歧义困扰。西文书面语空格的使用则为紧密合成词限定了左右边界，从而大大减少了歧义。顺便一提，近代的语文现代化运动中提出的汉语拼音文字方案，就曾试图在正字法上学习西文，引入空格来消除歧义，如：zhongguo renmin（中国人民）。

郭：这还是承认了空格的使用对分词的积极影响。虽然不能因此为中文分词特有论翻案，但起码是说明了相关问题的严重程度因正字法差别而不同。是吧？

李：差别应该承认，但案是翻不了的。所谓中文分词特有论属于理论误区，这是毫无疑问的。

我们批评中文分词特有论，先是从定性上指出其立论的偏差，重在揭示其背后的误导，说明这种迷思阻碍了中文解析的进步。讨论"迷思"并不是为了反对前置分词模块，而是希望站得更高一点，看清这一模块在整体解析系统中合适的定位和期望。

作为标准和结果，分词的本质是全局解析。前置的分词模块最多只是一个趋于逼近的桥梁，它注定要挣扎在局部最优向全局最优的逼近中。理论上，局部最优的分词结果永远可能有全局的例外存在。因此需要强调的是快速纠偏的机制和"歧义包容（keep ambiguity untouched）"的思路。这在实际系统中要比单纯的质量指标重要得多。

关于局部最优向全局最优逼近的挣扎，举个交叉歧义的例句"马可波罗/的/海上/旅行"来说明。在字串"马可波罗/的/海"这一局部环境中，人名地名打架，而人名"马可波罗"赢了地名"波罗的海"。一般认为，六元组"马可波罗/的/海"已经超越了局部上下文的极限了，上面的分词解析似乎该板上钉钉了。即便如此，我们还是可以找到一个更大的语境，使得局部分词失效，例如：

> 朋友生了个双胞胎，绰号很奇葩，先生出来的叫千里马，后出来的叫波罗的海。我告诉他绰号也是有讲究的，有的可，有的断断不可：千里马/可/波罗的海/不可/！朋友问为什么，我说千里马毕竟是动物，与人不远，可用。波罗的海是个地名，故不可用。

郭：这个例子有意思。关于分词歧义，你上面提到了交叉歧义和隐含歧义。交叉歧义我们都理解，属于边界战争，是字串"abc"中"ab"和"bc"争夺合法性的较量。接下来您能展开讲一讲隐含歧义吗？

李：隐含歧义的概念也很简单，但它是分词的命门。前处理分词的定位决定了它无法消除隐含歧义，必须在解析系统的整体设计上，利用额外的机制和手段才好应对。

至于什么是隐含歧义，字串"ab"有两种潜在分词路径："ab"和"a/b"。后者是隐含的，因为几乎所有的分词模块都把它隐藏起来，只输出符合最长匹配原则（longest principle）的词"ab"。例如："八角"隐含了"八/角"。

48

图 3—2　隐含歧义示例

　　作为思维实验,我们可以证明隐含歧义无所不在,从而证明任何"确定性(deterministic)"前处理分词,理论上都是跛脚的。对于中文词典中的任意一个多字词"$a_1 a_2 \cdots\cdots a_n$",依照下列模式造句:"$a_1 a_2 \cdots\cdots a_n$ n 字各有多少笔画?"($n > 1$)。其正确的分词一定是隐含的那条路径"$a_1 / a_2 / \cdots\cdots / a_n$"。我们就以本段开头那句话作为例子,分词模块对于这一句的输出是:

　　……我们/可以/证明/隐含歧义/无所不在/……

　　思维实验结果是:

　　我/们/2/字/各/有/多少/笔画/?

　　可/以/2/字/各/有/多少/笔画/?

　　证/明/2/字/各/有/多少/笔画/?

隐/含/歧/义/4/字/各/有/多少/笔画/?

无/所/不/在/4/字/各/有/多少/笔画/?

……

郭:实验很巧妙。其实这就是典型的"层次纠缠",是逻辑悖论产生的根源,由此出现歧义也就不奇怪了。在这里,合成词作为语言单位与方块字作为正字法的所指,缠在一起了。

李:不错,这是层次纠缠。但从语境来看,这也正是全局语境推翻局部语境的例证。虽然是假想的句子,但无法排除这种可能性。人的理解是没有疑问的,全局胜,最长匹配让位。

下面再举个日常真实语料的隐含歧义例子"难过"。词条"难过",整体作为一个谓词,表达的是人的一种心情,见下例a;分开来,"难"是形容词,"过"是动词,二者放在一起是谓词加补足语(complement)的组合,见下例b。

a. 小孩/很/难过

b. 小河/很/难/过

如果我们用穷举式算法去处理"难过"这个词,它实际上有三个候选词:{难过,难,过},两条分词路径{难过,难/过}。通常的确定性分词模块对于隐含歧义束手无策,因为隐含歧义是分词所倚赖的最长匹配原则的盲区。我们在本书最后一讲关于"休眠唤醒(ambiguity wakeup)"里将会详细讨论对这一难题的创新式解决方案。

郭:分词一定要用词典吗?不是说还有一种不用词典的分词吗?是不是可以说,因为有空格作为界限,不用词典的分词是西文独有的优势?

李：你这么说还是不自觉地陷入了"迷思"。

所谓不用词典的分词就是一个简单机械的切分操作。在西文里基本上就是见空格或标点就切一刀。当然，实际上也不是那么简单，因为那个讨厌的西文句点是有歧义的。德语的名词合成词算是西文中的一个例外，其大量的开放类合成词内部并不使用空格。

在一定意义上说，不用词典的分词，中文反而简单。汉字作为语素本身就是自然的切分单位。这里值得注意的有两点：第一，对于解析，这种机械性切分是不够的，迟早要查多字词典才好支持解析；第二，对于不用解析的中文统计模型，这样的机械性"切字"常常就足够了。前面说过，多字词实际上是以 N 元组的形式蕴含在统计模型中的。

从理论上讲，词法句法解析也完全可以直接建立在词典查询的基础之上，无需一个中文特有的前处理分词模块。

郭：您是说，理论上不需要中文分词模块，需要的仅仅是查词典？

李：对啊。我们可以反问一下，没有特有的分词模块，"英语解析（English parsing）"是如何处理合成词和成语的呢？查词典啊！这是一样的过程，与具体语言无关。

中文词典有很多的多字复合成词，英语词典里面也包含很多合成词和成语。英语解析的路数同样可以用于中文解析。

自然语言解析系统在查词典以后，大都有一个的短语模块，为句型解析提供基础句法单位。短语组合与合成词类似，工作的难点也是边界歧义，也需要靠上下文的条件消歧。中文处理在理论上完全可以把组字成词和组词成短语,进而成句,当作同质的工作来处理,跳过所谓中文"特有"的分词模块。

郭:有实际这样做的吗?您好像说的是理论上。

李:有这样的探索。我自己博士阶段利用"HPSG(Head-driven Phrase Structure Grammar)"实现的中文深层解析器,就完全没有用中文分词前处理模块,而是沿用了英语解析同样的路线。

我的博士课题里,一部大词典既收单字词,也收多字词。查词典用的是穷举式算法,保留所有可能的词条路径,完全由HPSG形式的中文词法句法组合规则,来决定最后的选项。穷举式算法输出所有词串,不会遗漏文句中任何候选词。这种通用的机械算法具有完美的分词召回率(见图 3—3)。

	0	1	2	3	4	5	6	7	8	9
0		始##始								
1			他							
2				说						
3					的	的确				
4						确	确实			
5							实	实在		
6								在	在理	
7									理	
8										末##末

图 3—3　穷举分词示例:"他说的确实在理"

穷举分词(exhaustive tokenization)的结果可以保证蕴含正确的词串。句法解析完成的同时,词的边界也同时确定了。不合适的分词路径，无论由于交叉歧义还是隐含歧义，理论上都可以被单层一体式句法解析自然淘汰。穷举分词是一个理论上完美而通用的跨语言解决方案。解析分词与句法完全同步，分词成为解析的一个有机部分（或副产品）。

郭：利用自动句法解析最终确定分词的界限，这个路线听上去很合理啊，符合前面说的解析分词的标准内涵。那么，为什么又强调是"理论上"呢，是不是说在实践中还行不通？

李：实践中的确有诸多挑战，尤其是当解析器从实验室拓展到语言大数据的时候，譬如在面对社会媒体这样混杂而不规范的语言场景时。以全句句法的完整、合法来反推分词的最终界限，在真实语言环境的大数据中不大行得通。

上述方案更深刻的问题是逃不过单层和递归（recursion）的黑洞，这一点与所有其他的"上下文无关文法（Context-free Grammar，CFG）"模型一样。我们将在本书第五讲"语言递归的误区"中再专门讨论。总之，其结果是没有"线速算法（linear speed algorithm）"，难以定点排错，还有"伪歧义（pseudo-ambiguity）"的困扰。这些短板决定了这类模型难以实用。看上去挺美，中看不中用啊。

前处理分词在放弃穷举式词典查询以后，尤其是在要求输出确定性词串以后，理论上产生了一个悖论：分词最终决定于解析结果，可是基于词典的分词必须是解析的前提。

在实践中，前处理分词通常采用一系列归纳出来的"启发式算法（heuristics-based algorithm）"来做"确定性分词（deterministic tokenization）"，也就是只输出一条词串结果的分词。启发式的东西是实用主义的，应对的是大路货，包括词典查询的最长匹配原则(长词优先)、字数平衡原则(词长平衡的词串优先,如四元组 2—2 优于 1—3 和 3—1,五元组 2—3 优于 1—4、1—3—1)等。理论上,启发式永远不会精确和完备,无法应对长尾错误。因此,我们需要建立快速纠偏机制,以便统一便捷地随时纠错。

从实际操作的层面上看,专设一个中文切词模块有其便利之处,可以增强解析器的模块化和鲁棒性。目前为止的绝大多数实用的中文解析系统,包括我自己设计的在内,的确都在解析前为中文分词专设了一个模块。这个事实本身客观上加强了中文分词特有论的迷惑性,就是领域内专家也常常中招。

郭:这似乎又绕回到了原点。既然论证了中文分词特有论的不成立,为什么又承认特有模块的合理性呢?

李:这可不是回到原点,而是认知的螺旋式上升呢。

一方面,承认中文分词模块存在的合理性,不仅仅基于实现真实系统的客观需要,同时也是主张把分词模块纳入整个解析系统的有机一环。在这样的视野下,分词模块与短语合成模块一样,都是在数据打磨的研发过程中增量式提升质量,接口上也有很多内部协调和容错,而不是各自成为独立王国。譬如,隐含歧义(如"难过")有意不在分词模块中解决,而是留给句法解析后的休眠唤醒模块处理。按照这个设计思想,作为中文分词质量指标的"精度(precision)"和"召回(recall)",远远不如其可维护性和领域扩展性重要。

另一方面,论证和批判"特有论"是为了揭示这一迷思引致的误导,提醒后学不要把分词当成完全自足而独立的任务,

54

从而迷失深层解析的大局和方向。分词特有论的要害在于把结果归入前提，从而陷入了鸡生蛋、蛋生鸡的怪圈。

研发和维护分词模块，与研发多层系统里面的其他模块一样，应该看成是一个利用平台的消歧机制，由数据驱动的排错累积过程。

郭：可是前处理分词局限于不成熟的局部环境，又如何能做到快速纠偏呢？

李：局部环境纠偏永远只是逼近全局，不可能完备，理论上的确如此。但实践中，只要逼近就意味着质量提升。关键是如何利用简单的局部环境条件，譬如 N 元组，使得逼近和迭代流程化。

词典主义（lexicalist）就是一个很好的逼近方式，简单直接，副作用小。其解决分词歧义的机制是直接在分词词典查询的阶段起作用，实践证明非常有效。具体来说，这个机制就是利用 N 元组分词词典帮助消歧，本质上是在迭代中不断扩大分词词典的规模。譬如，四元组的词组"中国人民"和"确实在理"通常被认为是开放的词组，本来不在词典中的，但是假如系统产生了下列分词错误：

    * …… 中/国人/民 ……

    * …… 确/实在/理 ……

不妨就直接把四元组"中国/人民""确实/在理"收入分词词典。这个做法等价于利用局部手工分词，帮助自动分词。具体做法可以是纠偏式的，见一个 N 元组内的分词错误，就收一个。在数据打磨中不断扩展 N 元组分词词典的方法，纠偏准确，针对性强，易于流程化。因为 N 元组是个性的，也几乎没有副作用。

给 N 元组分词词典添加"确实/在理"等条目,等于用零碎的人工分词解决了前面的分词难题:"他/说/的/确实/在理"。作为论辩,假如有一天出现了反例:"*他/说/的/确实/在理/论/上/可行"。如何纠偏呢?进一步扩大分词词典修正就好了:

确实/在理

确实/在/理论

可见,只要纠偏机制好用,"错误驱动(error-driven)"的系统维护靠的就是迭代,打持久战。这样直接有效、副作用小的词典纠错办法,其实可以交给用户或领域专家去打理。长尾和稀疏问题经不起日积月累的增量式维护和提升。

除了纠偏式的词典扩充,另一个更见成效的做法是"词典习得(lexicon acquisition)",防患于未然。这对于进入一个新领域,面对新的数据源尤为重要。应该把建立 N 元组分词词典当成领域化的一个常规任务。我们可以通过大量的领域原数据,利用 N 元组聚类算法发现候选合成词。高频的领域术语和日常短语是可以事先学出来的。聚类结果作为候选词条,经人工检验和分词标注,快速填补到分词词典中去。作为研究方向,对于候选合成词进一步施行"词嵌入(word embedding)"分类,有望为新词自动标注合适的词典特征,从而为解析提供更好的支持。

值得强调的是,若以五元组为限来做这个大规模的分词词典习得工作,早期分词的错误基本上可以杜绝。其中的道理就是,虽然分词歧义出现频次很高,但是超过五字组的分词歧义是极小概率事件。换句话说,除了一些需要休眠唤醒的隐含歧义和远距离(long-distance)离合词(separable word)外,五字范围的局部窗口,统计上可以解决几乎所有的剩余分词歧义。只要 N 元组分词词典的迭代扩展机制到位,可以说,中文分词成为解析瓶颈这一页就可以翻过去了。

郭:N 元组分词词典的习得和定点排错,可以算是分词的真经啊。谢谢李老师对分词理论和实践两方面的解说。

肆　词性标注的陷阱

郭：李老师，我听过您在北大的演讲。您提到一个我一直不很理解的观点：中文解析无需词性标注（POS tagging）。这么多年我看到的都是查词典，对句子做分词，然后给每个词标注词性，比如名词、动词等，然后在词性的基础上才做句法解析。那您为什么说中文解析不需要词性标注呢？愿闻其详。

李：这个话题对于中文解析特别重要，值得展开讨论。与中文分词的迷思类似，词性标注必须先行，也是中文解析的一大迷思，而且是个很大的陷阱。

之所以叫它"迷思"，是因为很多人都理所当然地认为必须"要如此"，词性标注没得商量。其实，点破这一迷思最直接的例证就是——完全可以设计一个跳过词性标注模块的中文解析系统。事实上我带领团队研发的中文深层解析器，前后两款都跳过了这个环节。

为了模块化开发的方便，先行词性标注，再行句法解析，从工程架构上看有一定的道理，大多数英语解析器也的确是这么做的。但是，词性标注并非句法解析的前提，中文系统也不适合照搬英语的这个架构。实际上，中文解析绕过词性标注，解析质量提升的空间会更大。

郭：没有词类，怎么可能施行句法解析呢？

李：谁说没有词类呢？词典里给出的任何类别标注，包括候选词类、歧义词类等特征,都是一种词的类别啊。

的确,没有这类词典特征,句法解析就没有抽象度,就难以编写文法来捕捉千变万化的语句。词典信息的确是句法解析的前提。但领域里说的词性标注,可不是简单的查词典信息,其实质在"词类消歧(POS disambiguation)"。

我们先回顾一下任务的定义。什么叫词性标注?明确这个任务的定义,可以帮助我们避免概念混淆。有意无意地偷换概念,是迷思产生的主因。

词性标注,英文术语叫 POS tagging,也简称 POS。POS在学界大家是有共识的,也有这个任务的标准集——著名的"宾州树库(PennTree Bank)"里面就蕴含了词性标注的黄金标准。学界也有专门的词性标注比赛,针对这个任务的文献可谓汗牛充栋。学界定义的 POS 任务,并不是说给一个词标上词类特征就行了,那样的话就与词典查询没有区别了,词典模块也同样可以给词标上词类。POS 作为一个任务,它的输入是一个词串,它的输出必须是每个词的唯一词性。也就是说,POS 要求确定性的词性标注结果,不允许非确定性(non-deterministic)的输出。这是 POS 模块与词典模块不能混淆的关键所在。例如:

POS 输入:共同体/定义/的/POS/任务

POS 输出:共同体/N 定义/V 的/X POS/OOV 任务/N

(N:名词;V:动词;OOV:生词;X:助词)

理想的世界里面,如果词类标注正确的话,后续的句法解析就可以简化。是动词就走动词的规则,是名词就走名词的规则。但这只是问题的一个方面。问题的另一面是,汉语中的词类歧义（POS ambiguity）特别严重，关键的三大类实词（名词、动词、形容词）在汉语中界限就不分明。不但很多词都可以起名词和动词这两类词的句法作用，而且形容词与不及物动词的界限也相当模糊。面对歧义如此严重的语言现实，如果硬性实行 POS 与解析两步走的架构，很难不陷入"错误放大（error propagation）"的怪圈。也就是说，词类区分在局部的上下文 POS 阶段，条件可能不成熟，过早标注的词类一旦出错，很容易造成句法解析的错乱。

郭：我还是没能完全理解。我举个常见的例子吧，"学习文件"。"我学习文件"中的"学习"，当然是一个动词，做谓语，这个没有问题。那么，"这份学习文件很重要"呢？"学习"成了形容词，做定语。这两种场景有不同的词类需要区分，这应该是没有疑问的吧？

李：就这一点，实际上是有疑问的。

不错，在"我学习文件"里面，"学习"是谓语中心词，"学习文件"是动宾结构。在"这份学习文件很重要"里面，"这份学习文件"是一个名词短语，中心词是"文件"，"学习"是定语。你提出的"学习"变成了形容词的说法，混淆了词性标注（形容词）和句法角色（定语）的概念之分。为什么非要把它的词性先换成形容词才允许它做定语呢？这就好比你假定女生必须穿裙子。有一天你发现一个女生穿了裤子，就非要把她的裤子改叫裙子，然后才认定她为女生。多此一举，还是循环论证？

郭：嗯，这个说法的确有问题。说它是形容词，是因为它做了定语。要解析出这个定语，又要依据它是形容词这个条件。这是一个循环。

李：这个循环最大的问题在什么地方呢？它实际上是把句法解析的结果作为任务，强加到前期模块词性标注里了。这就等于人为地制造了一个鸡生蛋、蛋生鸡的怪圈。我们在第三讲"中文分词的迷思"里面也说过类似的怪圈，那里是把句法解析的结果作为任务强加到前处理的分词模块。

郭：是的，我们都遇到过这个"两难"：没有词类区分，句法分析不够概括和简洁。可是，在 POS 这样的早期阶段，常会有词性标注错误，这不就陷入了相互依赖的泥坑了吗？

李：根据不过早消歧的经验法则，跳过 POS 环节，让句法解析直接建立在词典信息的基础之上，是化解上述矛盾的一个有效方法。

具体来说就是，只利用词典里面的类别信息，不倚赖专有的 POS 模块先行消歧。既然一大批动词都可以有名词性用法做主语宾语，那就只标动词，不给名词标签。其实，给这些动词在词典里标注名词也增加不了新的信息。编写句法规则的时候，对于所谓兼类词的这些动词（"学习""工作"）与单纯名词（譬如"桌子""银行"），可以根据条件的宽松决定如何对待。该区分的时候可以区分，不必区分的时候就用"逻辑或"就可以了，如：V｜N。

这样看来，中文里的所谓动词名物化（nominalization），很大程度上是一个伪问题。名物化强加到 POS 模块，成为其难点，更是一个自找的麻烦。"工作""学习""睡眠""吃饭""下雨""打雷"等行为事件词，反映词义概念的本体类（ontology class）很清晰，就是本体动词，没有必要给两个不同的标签。

在 POS 先于句法的架构里,把句法的不同用场,强加到词性标注中去,有无事生非之虞。真是天下本无事,庸人自扰之。本有好好的路,硬是自己挖个坑,自己跳进去,然后抱怨路不平。

郭:我似乎明白了。我自己在实践过程中其实也开始放弃 POS 模块了,不过心里总觉得不踏实。听您这么一解说,这其实是合理的安排,对吧?

李:合理不合理要看对象,具体情况具体分析。对于中文解析,POS 先行是弊大于利。

做 POS 研究的人常常不懂语言学,盲目追随一个"测试集(testing corpus)",为 POS 而 POS,忘了词性标注并非目的,支持解析才是。如果 POS 阶段消歧的副作用严重,支持解析反而成了阻碍解析,这就需要改弦更张了。

没必要硬性反对先 POS、后句法的处理策略。需要明白的是,这只是系统模块化的一个选项。我们论证的是,POS 并非句法解析的先决条件,还有一种句法直接建立在词典之上的"一步走"的策略。顺着这个思路,"一步半"的策略也是一个选项。所谓一步半,就是做一个非常简单的 POS 模块(算是半步),对词类歧义中比较常见而且规整的现象先行消歧,而并不追求全面消歧。这样可以把副作用降到最低,同时可望帮助简化一些句法的规则,也不失为一个不错的路子。

郭:对中文处理界而言,这个问题在领域内还在困扰着不少人。中文分词和词性标注作为中文信息处理最基础的任务,特别容易吸引后学投入。两个任务看上去都好像是自足的,可以局部解决的问题。业内也有标准集,似乎每个人都可以一试高低。其实真做起来坑并不浅。

李：设立 POS 的初衷是想把复杂的自然语言解析任务，分解成局部上下文可以搞定的子任务。但是，到中文遇到了困难。

局部上下文就是看前后的词，二元组、三元组，如此等等。统计学派在英文"宾州树（PennTree）"的标准集上尝试了这个任务，结果超出预期。这说明局部上下文似乎可以解决这个任务。从架构上看，假设局部上下文可以完成 POS 的任务，那么解析的确可以因此而简化。但是，这个假设在理论上是跛脚的，实践中的逼近程度也要看不同的语言对象。

理论上的漏洞很容易论证。与分词一样，POS 标准也蕴含在学术界专家手工标注的语料库里，譬如中文的宾州树库。POS 的黄金标准决定于全局的句法解析，可局部的 POS 判定不能保证全局最优。在实践中，不同语言的局部条件对于全局结构功能的预示能力不同。POS 模块作为一个解析逼近模型，因此也具有不同的质量表现。在形态丰富的欧洲语言里，这个逼近模型似乎运行得相当好，因此 POS 先于句法的架构被广泛接受了。但是到了中文，前置 POS 往往成为解析的阻碍。这是因为中文缺乏形态，在非常局部的条件下强加一个在全局上下文中定义的任务，有些勉为其难。

POS 先于句法的框架设置，最多算是一个试图简化系统的选择，而不能看成是理所当然。没有 POS，词典里面的词类信息和其他词典信息，也足够丰富，可以直接支持句法解析。词典对歧义的特征可以包容，消歧的问题留给解析在不同层面去做会更好。这些不仅仅有理论依据，也是经验之谈。

这些都在中文的规模化解析实践中反复验证过了。

郭：我还是先理解一下您前面讲的循环论证的问题。我觉得您是想强调：一个词的可能词性，是可以在词典里面给出的，不需要在上下文中确认唯一。所以，您认为静态的归类足以支持解析。我这样理解有问题吗？

李：没有问题。词典中的静态标注可以直接支持解析，词性歧义可以包容，不必预设 POS 模块去消歧。也就是说，完全可以用非确定性标注支持句法解析。

我们反过来想，如果把词性标注这个前期模块去掉，那么句法解析会是什么样子的呢？如果要想句法分析有概括性，分析规则一定要建立在词的特征基础之上。词典里面给定的每一个特征，都代表了一批词。标注了多个词类特征的也代表了一批词，譬如，"指挥""导演"这类多义词（polysemy），就既有名词标签（表示 profession 的义项），也有动词标签（表示 humanAction 的义项）。在这些词典特征基础上编写句法规则，与在 POS 结果上编写规则，同样都是利用了词上面的特征来捕捉句型模式。

郭：嗯，我的理解是，与其在早期局部的上下文中冒险为每一个词标注一个确定性的词类标签，不如在词典中从多方位描述词的特征，然后在句法分析的过程中利用这些特征调整模式的宽松条件。是这样吗？

李：正是。POS 作为中文解析的早期模块，常常是麻烦制造者，属于不必要的"过早剪枝（premature pruning）"。

设立 POS 模块是为了消歧。如果做不好消歧，POS 就退回到词典查询了。依赖词典绕过 POS 的思路是，在条件不成熟的时候我们不妨包容歧义,而不是消除歧义。包容并不是说永远放弃消歧,而是留到消歧条件成熟的时候再去做。关于歧义包容的概念足够重要,我们另找机会深入讨论(见"拾 歧义包容与休眠唤醒")。

总结一下,有几个关键点:第一,作为起点的词类标签与作为解析终点的句法角色不该混淆,不要陷入逻辑循环的怪圈。第二,利用前后一两个词的条件来确定词的"句法词类(part-of-speech,POS)"和功能,在中文处理中是很危险的。第三,不仅危险,也没必要,属于不良设计,自找麻烦。第四,现在提的方法强调本体类,它本身是确定的,完全决定于词义,从而避免了模糊定义的困扰。第五,多义项的词(如"指挥")有可能引致多个词类标签,但词典标注是可以包容兼类的。

郭:我大概理解了。也就是说,句法解析不必依赖词性标注,因为非确定性的词类标签是可以直接从词典得到的。那么,按照这个思路,中文词类特征在词典里该如何定义和标注,才可以支持解析呢?

李:一般来说,从句法和语义两个不同角度看,有两种不同的词类特征。一种叫本体类,属于"语义特征(semantic feature)"的范畴,原则上独立于语言;一种叫句法词类,在中文里,其定义是有争议的。

欧洲语言由于有形态词尾帮助,句法词类的标准比较容易确立。通常是一个词的词干蕴含了它从词义得来的本体类,但用在语句里面,词干往往加上了形态词尾,本体类退到后台,让位给句法词类。举个世界语的例子,词干 am-("爱")

是个本体动词,形态词尾可以改变其句法词类:am-as(动词,现在时态,"爱"),am-on(名词,宾格,"所爱"),am-ajn(形容词,复数,宾格,"爱心的"),am-e(副词,"带着爱心"),等等。

可是到了缺乏形态的中文里,句法词类就不好界定了。但是,词义所蕴含的本体类却没有问题。坚持词类属于句法范畴的学者想尽办法,试图设立句法词类的标准,但都不能达到既明确又完备的一致性。因此,在中文解析的系统里,我们主张采纳本体类作为规则条件泛化的基础,不必纠结于难以界定的句法词类。

任何一个语言的词或语素都有本体类,它是词义概念的自然延伸。具体说来,本体类实际上位于本体知识链条(ontology network)的顶端。著名的本体知识库"知网"的顶端特征有 Event,指的就是本体动词;Thing,就是本体名词;Attribute-value,就是本体形容词。从词义概念的底部特征,通过查询"知网"可以得到一条本体语义特征的上位链条,直到顶端的本体类。譬如"演员"这个词,底部特征是 profession,其所对应的语义链条是:

profession → human → animate → concrete → thing

所以,词典其实只要标注 profession 这样的底层语义特征,其他的特征包括本体类就可以从本体知识(ontology knowledge)中自动拉出来。再如,"美丽""勤奋"这样的词,其本体链条的顶端是形容词。如果是"走路""睡觉""下雨"这样的词,它就是本体动词。这种基于概念的语义类别特征对于人类语言是共通的,概莫能外。

郭：您说的这个本体类和句法词类，让我想起了从前我看到的一个争论，是几十年前吕叔湘先生和朱德熙先生的争论。我感觉，吕先生的基本想法就是，讲事物的就是名词，形容事物的就是形容词，讲动作的是动词，形容动作的就是副词，这个是不是跟您的本体类比较像？朱先生好像更多的是从句法分布的角度来对词进行分类，也就是您说的句法词类。

李：对，我们与吕先生所说的那个词类概念和体系比较吻合。朱先生是中国语言学界特别强调结构的大师，他坚持的句法词类有他的角度和句型意义。但是，我们多年实践下来，觉得用分布来做词的大类标准，在中文里很难做到定义明确而完备，真不如本体类简单明了。

所谓分布标准，主要是把词放在它潜在的句型里面看词的特征。这对"句法子范畴（syntactic subcat）"特征的确立非常有益。所以，朱先生的思想也仍然可以采纳，并非与吕先生的思想水火不容。重要的是，有了本体类，再加上子范畴（subcat）特征，中文解析就没有必要过度依赖那个难以精确定义的句法词类了。除非特别指出，咱们下面提到的中文里的名词、动词、形容词都是指的本体类，谓词则是动词和形容词的上位特征。

郭：对于解析，实词大类是名词、形容词、动词、副词四类吗？

李：大类主要是三个。副词一般不算单独的大类，往往是形容词派生而来（英语加后缀 -ly），或者与形容词同形（如，中文很多形容词可以直接做状语成分）。只有少部分原生副词属于小词的范畴，可以枚举使用。

当然,实词三大类也还是太粗。作为语言形式,对于语言现象的捕捉仅这样分类不够用,尤其是汉语。词典特征需要考虑根据词义概念,引入相关的本体知识库特征系统,例如引入"知网"的特征体系。当几千个相互关联的本体特征有组织地带入解析系统的时候,细线条的本体条件使得解析器可以应对非常复杂的语言现象。这远非仅仅依据不到 20 个词类标注的传统解析器可比,解析质量和深度的提升空间显著扩大。

郭:我老听见一个特征叫 Subcat,说对于句法解析特别重要。中文我也不知道怎么翻译,这是不是您上面提到的句法子范畴?

李:对,Subcat 是从 subcategory(子范畴)缩写成的术语,是比谓词大类更细的子类特征。子范畴是非常重要的解析依据,值得细细解说。

子范畴是一种预示潜在句型的词典特征,常见的子范畴有及物动词、不及物动词、双宾动词、宾语加补足语动词等。子范畴给谓词划分子类,与一般的子类角度不同。譬如及物动词是动词的子范畴,这是从动宾句型的角度划分,形象地说,叫给萝卜挖坑。及物动词挖了个宾语的坑,术语叫"算元(argument)",预示该谓词期待一个合适的短语来填坑,以实现动宾结构的解析。而通常的子类只是自我本体的细分,不涉及预示其他成分,譬如,action 和 state 是对动词细分的子类,区别动作与状态。

理论上说,子范畴也有两种。一种是句法子范畴,一种是本体子范畴。一粗一细,二者呼应,但却属于不同范畴。

句法子范畴定义谓词句型的形式条件和句法角色结论，是语言特有的。严肃的词典常常对此有标注和例证，如英语的牛津词典、朗文词典等（不同词典对子范畴分类数量不等），中文有《现代汉语八百词》和《汉语动词用法词典》等。

本体子范畴是跨语言的，它描述谓词的逻辑主语（logical subject）、宾语和补足语的语义条件及逻辑语义结论。这里面往往蕴含了常识，本体知识库"知网"里面有标注的，例如：

{eat|吃：O＝food}

形象地说，"吃"的谓词概念挖了一个逻辑宾语（O）的坑，填坑的萝卜应该是食品类（food）。这其实就是常识——吃的对象通常是食品。子范畴从句法细化到本体，常识就这样被引进了。可见，本体子范畴反映的是细线条的逻辑语义解析，比句法解析更深一层。

郭：自然语言解析引进常识，听上去是人工智能追求很久的梦想，它具体是怎么形式化的呢？与历史上著名的常识推理系统 cyc 又有何不同呢？

李：这里说的是通过词驱动的本体知识，根据需要带入一些碎片化常识来帮助解析。这与常识推理引擎 cyc 项目不同，不像 cyc 的常识知识库那么巨大，也没有 cyc 那么细致的常识推理。这里的常识只是作为句法结构模式中的隐性形式约束条件，并不是独立于句法的常识自足系统。

具体来说，在中文多层解析系统里面，本体知识可以支持语义模块从粗线条的句法角色（如"主谓宾定状补"）映射到细线条的逻辑语义角色（施事、受事、工具、对象、目的地、所有、性状、时间、地点、原因、结果等）。此外，在句法模块遇到"结构歧义(structure ambiguity)"时也可以带入本体子范畴消歧。例如：

①我晚餐吃过了。

②晚餐我吃过了。

③我吃过晚餐了。

带入本体子范畴的消歧模式规则大概是这样的，伪码如下——

由动词"吃"驱动的两条规则：

1.［NP：＜S,3＞］［NP food：＜O,3＞］［"吃"：CL］

2.［NP food：＜O,3＞］［NP：＜S,3＞］［"吃"：CL］

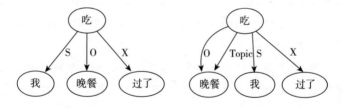

图 4—1　本体子范畴结构消歧示例

例②的句法角色话题（Topic）被上面的第 2 条词驱动规则细化为逻辑宾语（O）：＜O,3＞ 表示本词做 3 号词"吃"的宾语。可见，句法引进子范畴中的碎片化语义常识是可行的，帮助消歧的效果也好。这显然是与乔姆斯基"句法自制（syntax independence）"原则反着来的（详见"陆 乔姆斯基语言学反思"），但可以解决不少中文的结构歧义，不必把所有的消歧负担都留给后面的语义、语用模块。

如果结构形式上不存在歧义，常识就不必出场。譬如，粗线条的主谓宾规则的伪码是这样的——

特征规则：[NP:<S,2>] [Vt] [NP:<O,2>]

这条规则可以匹配上面的例③，及物动词特征 Vt 可以匹配"吃"。

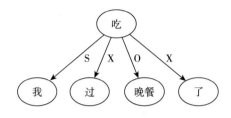

图4—2　特征规则匹配示例

句法子范畴与本体子范畴的这种安排可以使解析器既鲁棒又精准。带入的方式就是在词典里面把句法子范畴与本体子范畴结合，形成一个子范畴特征的上下位链条（taxonomy）。

⟨EAT:O＝FOOD⟩→⟨Vt:O＝NP⟩

也就是说，本体子范畴 EAT 是句法子范畴 Vt 的细化。本体子范畴 EAT 对于宾语的语义要求是 FOOD，其句法映射表现为 NP 做宾语。建立两个子范畴的联系以后，句法模块可以根据实际需要和解析的层级来决定调用子范畴的哪一级特征。一种实现方案是，先执行挂靠在"吃"词条下的词驱动个性规则（individual rule），而句法子范畴 Vt 驱动的特征规则押后。

小结一下，本体子范畴定义了有几个逻辑语义角色的坑，各自需要怎样的本体特征作为萝卜填坑的条件。它所对应的句法子范畴则规定了具体的语言形式约束（语序、小词、特征等），作为句型模式（sentence pattern）去匹配语句结构。动词作为谓语的句型模式与作为主语、宾语的句型模式是不同的，但其内部逻辑形式保持不变。

郭：您这一说，本体子范畴与句法子范畴的异同就清楚了。我的看法也是，动词形式不变，就不必去改变词性，否则词性与句法角色就趋同了。比如"这本书的出版"，"出版"依然是动词，即便它做了主语或宾语。

李：世界上所有语言的实词词汇，都有基于相应概念的本体类与本体子范畴，这是语言的共性。但是，形态语言在本体类之上，经常使用形态变换，可以给本体类穿上不同的外衣。穿得好的话，可以以"貌"取舍。不必依赖本体子范畴对角色的内在语义约束，解析规则会更加简洁、鲁棒。例如俄语，形态变化多，词法很大，句法就简单了，宾格的词尾形式基本上总是去扮演宾语的角色。句法只要决定它与哪一个谓语动词相关就好了。

最有意思的是作为隐性形式的特征。它可以是句法和语义的黏合剂。理论上讲，句法是建立在语言形式的基础之上，而语义则是反映内容的逻辑形式。这样看句法与语义的区分，语义里面显然没有显性形式的位置，显性形式是依赖于语言的，而语义则是人类共同的。但是，隐性形式却是二者都不可缺少的。反映文句语义的逻辑形式自然而然地要求隐性形式的表示，包括逻辑语义的条件和角色，都是在系统内特征体系里面定义的。为什么句法也需要隐性形式呢？这是因为光有显性形式，没有词类和子类这样的隐性形式，句法就没有足够的语言概括能力。既然句法和语义都需要隐性形式,二者之间就不存在一道鸿沟了。严格地说,二者的融合是不对称的。句法形式不能进入语义,只能映射到语义里的逻辑形式。但语义特征却可以进入句法。事实上,粗线条的句法特征和细线条的语义本体特征之间是可以融合到统一的特征体系的。这就为把"语义约束(semantic constraints)"带进句法搭建了桥梁。

自动解析的终极目的,就是通过句法形式达成形式化的语义表示,即逻辑形式。不管它显性形式还是隐性形式的约束,都要映射成逻辑形式,即带有节点信息的逻辑语义结构图,才算完成了自动解析的任务。

郭:我的下一个问题是,词类活用是怎么回事?词类活用会否定词典词类吗?

李:词类活用是指一个词在特定的上下文中,被迫改变它的常态句法角色的情形。特定的上下文强制覆盖了词典给它规定的方向。例如,词典里"特朗普"所指的方向就是一个本体名词,是一个人名,其常态角色是做主语或者宾语。可是,在句子"做人不能太特朗普"中,它处于程度副词后,它后面又没有别的可以做谓语的材料。这样的上下文决定了它只能临时用来做谓语,很像个形容词。可见,这种东西实际上大多出现在非常固定的句式中,规则很容易捕捉。系统没有必要因为词典规定了它是本体名词,就永远不让它做谓语。强制性上下文条件可以覆盖词典特征预示的方向。

在古汉语,词类活用极为普遍。现代汉语活用现象减少了,但并不是不存在。

郭:"特朗普"这个例子在我听来类似于您讲的"难过"那对例子:"小孩很难过"和"小河很难过"。那个"难过"的非常态用法,您说在词典里有隐含歧义标记的,可以据此唤醒隐含的用法:"难(以)过(小河)"。我想问的是,"特朗普"这个例子是不是需要在词典里面也做上某种活用标记呢?

李:不需要。两个例子有共同点,也有不同。

在"特朗普"这个例子当中,它不像"难过"需要用词驱动的个性化规则唤醒休眠的另一种可能。也就是说,"难过"这个词在词典里面就知道它休眠了另一种潜在的解析,因此可以埋下种子,在解析后期通过这个词来驱动个性唤醒规则。"特朗普"不一样,这个活用的现象不是针对这个词,也就谈不上要留下词典的种子。只要知道它处于程度副词和一个时态助词的上下文,它就跑不了谓语的角色。如:

"太 X 了"→【谓语】

郭:这样说我就明白了。也就是说,活用跟一个词固有的歧义其实还是不同。理论上讲,所有的词都有可能在特定上下文中被活用。再如"谷歌":"我谷歌一下今天的天气。"

李:对。只要我们有这样的特定规则实现动态转换,词典词类不会阻碍对活用的捕捉。其实,人对活用的表达和理解,也同样是靠特定的上下文条件,而不是依靠词典信息。

郭:当年的中文词类大讨论中,有一个说法:"词无定类,入句而后定。"这似乎比吕叔湘先生的观点走得更远,您怎么看?

李:"词无定类,入句而后定"的观点如果是指"不入句,词就不能分类",那就是误导了。没有词典分类,根本就谈不上任何的句法概括性。

然而,"词无定类,入句而后定"的观点有其闪光之处,因为它看到了中文句法词类难以完备定义的困境。如果词类区分以潜在的句法分布为依据的话,中文的本体动词就是"无定类"的,它在不同的句型模式下可以做各种句法成分,可以做谓语、补足语,也可以做通常认为是名词担任的角色,主语宾语等。以"学习"为例:

①谓语:他们学习高等数学。

②补足语:高等数学很难学习。

③主语:学习高等数学很重要。

④宾语:他们喜欢学习高等数学。

但是,我们不能因为词的分类与句法角色的对应关系难以一一对应,就放弃在词典里给词分类的工作。词的类别和子类(包括子范畴)特征是系统概括力的源泉。如果系统的特征非常贫乏,只剩下词的大类的话,你可以很快做出一个教科书上的文法玩具,可以概括语言当中非常粗糙的现象,但它做不到精细解析。对于缺乏形态的中文尤其如此。

郭:词需要分类是毫无疑问的,可是中文动词的确可以充当名词性的句法角色,这不正是兼类问题吗?"学习"既可以做动词,也可以做名词,消除这类歧义是 POS 的经典任务。

李:这样来定义兼类词和 POS 的任务,就陷入了鸡和蛋的怪圈了。POS 已经纠缠中文处理的研究者近半个世纪了,原来一开始就把任务定义错了。这真是世纪迷思啊!

很多人套用欧洲语言处理的路数,认定动词做主语或宾语前需要经过一个"名物化(nominalization)"的过程。区别仅仅在于欧洲语言名物化的时候，通常会有形式上的变化（如，英语可以加词尾 -ing 成为动名词，或前面加 to 构成不定式），而中文不做形式变化。对于前面的例句，常见的说法是，"学习"是名动兼类词，属于词类歧义。它在上述例①和②里面是动词，分别做谓语和形容词的补足语。到了例③和④，"学习"通过所谓"零形式"（即形式不变）名物化了，变成名词，分别做主语和宾语。这样的解析在中文里不仅多此一举，而且制造麻烦。

这话怎么讲？先说多此一举的事儿。中文里的动词差不多都可以在一定的上下文中做主语或宾语，如果依据这一点说这是词类歧义，那么所有的动词都是词类歧义了。在符号逻辑里，符号 A 永远蕴含符号 B 的话，B 就失去了区别性价值，不能增加信息量，不要也罢。

所制造的麻烦表现在本末倒置。主语宾语与谓语及补足语的区分是全局问题，是典型的句法解析任务。把句法角色归结为词类歧义任务强加给 POS 模块，是人为制造了一个鸡生蛋、蛋生鸡的循环。

因此，我们反对把动词动态改变为名词来适应不同句法角色的做法。这样做混淆了作为条件的词类和作为结论的句法角色这两个不同的解析概念，容易陷入逻辑死循环。与此对照，如果从本体类的角度去考虑问题，就不会混淆动态的句法角色和静态的词类。事实上，做了主语或宾语的动词，依然保持动词的句型特征，一样可以带自身宾语状语等。无论充当什么角色，动词在短语结构上毫无区别。

最后，中文动词一律处理成兼类的话，会遮盖真正的动名兼类词,也是其弊端。什么是"真正的"动名兼类词？说的是由于一词多义带来的兼类词,如,"指挥""导演"等。

"指挥"有两个义项。

指挥 1:【人类行为】→【本体动词】

指挥 2:【职业】→【人】→【生物】→【具体】→【本体名词】

词典里面可以包容词义歧义(word sense ambiguity),兼类词可以同时标注两个逻辑上不兼容的语义特征【人类行为】【职业】,根据它们背后的本体知识逻辑链条自动得到名词和动词的双重特征。后期的解析规则可以见机而择。

郭:说得有理。可是取消动词一律兼类名词的做法以后,我们如何处理动词做主语宾语呢？

李:根据被依存文法广泛采纳的语言学配价(valency)理论,谁做主语、宾语,其实是决定于谓词的子范畴对句型角色的预期,而不是词的大类之间的粗线条结合。预期的主语、宾语是怎样的类别特征,决定于每个谓词的子范畴规定。

例如,"重要"的子范畴预示主谓句型,它要求的主语可以是动词,也可以是名词,这就涵盖了"高等数学很重要"和前面的例③"学习高等数学很重要"。值得注意的是,并不是所有的形容词都可以接受动词做主语,譬如"英俊"的子范畴,就不允许动词做主语,如:

  *学习很英俊。

"英俊"的主谓句型条件,从宽的话,也起码需要一个名词;条件从严的话,本体子范畴在语义搭配上所要求的其实是【人】,非人的名词与"英俊"不搭,听上去别扭,属于灰色地带,如:

[?]电脑很英俊。

从本体类的视角看,只要词义不变,词性是不变的。"学习"也好,"研究"也好,不管在句法当中扮演什么角色,实际上它的意思并没有改变,说的总是一种【人类行为】,所以它的动词本性不变。这与真正的兼类词"指挥"不同,必须有所区分。

郭:中文用本体类为词典标注,这样不是舍弃句法特征了吗?

李:并非如此。词类指的是词的大类,主要是名词、形容词、动词,中文可以统一到本体类上。词的子类可以有多种角度,其中就有依据一个词潜在句型的"子范畴",这是典型的句法特征,譬如【及物】("吃""学习"),【不及物】("睡眠""失败"),【双宾】("给""赠送")等。

董振东先生的"知网"是独立于语言设计的,它的最上层节点,就是本体类,event 是本体动词 V,thing 是本体名词 N。学界多年的标准是宾州树库的 POS 标准,这个标准在英语中已经有很多缺陷,用到汉语上更是误导,不如直接借用"知网"来作为词类特征体系的标准。

郭:现在很多评测都是以宾州树库来做基准的。我也怀疑,就算那个精度和召回的指标值达到很高,就足够支持高质量的中文解析了吗?

李:当然不够。总量不足 20 个特征的 POS 结果,对于需要细线条解析才可能达到的高质量,是远远不够的。且不说这个标准本身还有不少问题。

相比之下,"知网"以词义概念出发的本体特征体系,可以作为更好的词汇分类的基础。如果要讲中国人对世界文明做出自己的独特贡献,董振东前辈的"知网"可以算是一个代表。"知网"提供的本体子类到大类的特征集,为中文的深层解析打下了坚实的词汇基础。

郭:我的下一个问题就是想问关于 POS 的标注集多大合适。听说有的系统定义了约 20 个词类,也有定义 10 来个的。我知道"得""地""的"就有人分为三个单独的类。这样的话,可能类别过多。我曾经做过的 POS 工作就是 13 个词类,名词、动词、副词、形容词、代词,再加上一些功能词等。您认为多少词类可以做出一个比较靠谱的自动解析器呢?

李:刚才提到过,光靠词类特征,顶多不过 20 个,是做不了高质量的中文解析器的,只能做个实验室的玩具系统。一个好的解析器起码要有子类和子范畴。没有上千的特征构成一个层级体系(hierarchy),是很难支持中文文法的符号解析的。

就词类而言,关键是开放类,"名形动"三类就够了。副词的开放类在中文与形容词重叠,一般不必另行标注;在英文,开放副词是从形容词加词尾 -ly 派生的,由词法解析标注。

其他的词类多是封闭词(closed word)。封闭词实际上不是问题,因为它们是可枚举的,如介词、连词、感叹词、原生副词等。用来作为条件的时候,可以用"逻辑或"直接查询这些词,或者定义一个直接量的宏指令来查询。当然也可以很容易地在词典里面为任意的封闭子集定义一个"词类"特征。

郭:刚刚您讲的正是我心中的疑问。我讲的 13 类,正好觉得还可以把握。我现在听您讲本体类,就又有一个顾虑,那就是词的种类太多了,不容易掌握和训练。

李：你的问题是说，词典的特征要用多大的数量级合适，是吗？这个问题没有标准答案，但有很多年的实践经验可以帮助看出一点端倪。

先说一下词类定义，为什么有人把非常常用的小词单独定义为一类？譬如，你提到的"的""地""得"，还有英语宾州树标准里面的 TO，既然形式系统既可以查询词类，也可以查询单词直接量，这种分类就没有必要。之所以出现这种实际上没有必要的特征，是因为对于词性标注（POS）的任务，当年的设计者隐含了一种 N 元组假定。这里说的"元"不再是单词，而是单词的词类，是预设了这个任务可以在"POS N 元组"序列条件下确定。这个太过简单的条件预设是历史的局限性，没有考虑好词类在解析过程中的定位。

理论上，每一个特征都表达了语言单位之间的某种区别，都可能成为合适的潜在解析条件。从这个意义上说，区别性特征多多益善。细致的、高精度的符号分析是离不开细线条特征的。

词典特征的极限是为每个词附加一个独有的特征，等价于让每个词的直接量作为一个特征，这个数量大约在 10 万的级别。事实上，语言解析机制通常允许把直接量带入条件模式。在这个意义上，规则里可以利用的区别性符号已达 10 万以上。

如果我们在词汇的基础上做泛化，合并同类项和细微差别，可以定义"万"这个级别的词典特征。日常概念的词汇范围，也基本是在这个量级。根据概念词义标注词典特征，最彻底的做法就是为单词的每一个义项标记相应的特征。在这个

"万级"特征的标注基础上,通过"知网"这样的知识库引申出本体的特征链条来,以此构成对于深层解析的细线条支持。

可是,"万"这个量级的特征对于专家的记忆及其编码维护的负担还是太大了,而且也没有必要。没有必要是因为真正个性的语言现象或例外,总是可以用单词直接量查询,我们有 10 万级别的单词可以用呢。记忆一个词,比记忆一个特征更直观,写到规则里也更加透明、直接。规则里面用单词直接量,比起用很细的特征条件,更容易理解和维护。

词典特征是用来给规则做泛化的,用以概括不同抽象度的非成语现象。为了这个目的,我们的经验是,对于欧洲语言,"百"这个量级的词典特征可以支持足够精准度的解析。中文自动解析的门槛比欧洲语言又高了一个台阶,因此我们就把词典特征再细化一个量级,定义大约"千"这个量级的特征集,感觉上是够了。上千特征已经足够细线条,如果还有例外,就用个性的词典规则好了,而不需要在特征集上再去细化。问题是,"千"这个量级可以把握吗?新手培训是不是负担还是太重?老实说,这个量级几乎到了专家编码的极限了。自如地掌握这个量级的特征来编码规则系统,的确有不小的难度。这需要看专家个人的经验和悟性了。

需要指出的是,上千的特征并不是不相关的。它们组成了类似"知网"的层级体系,人的记忆和掌控是在体系中进行的。越往上层走,特征数就越少,概括的词越多。因此,经验不足的新手可以先掌握上面几层的特征,这样也基本够用了。只是遇到特别棘手的现象时,要用到更加细线条的特征,那就由更富于经验的专家来负责处理好了。

郭：李老师，非常感谢您仔细讲解了中文处理中关于词性标注的陷阱。我的理解是：第一，它其实是个循环论证的问题；第二，从支持解析的角度来讲，可以直接用词典的词类特征，而不必做上下文词性标注；第三，词典的词类标注并不会阻碍上下文规则的词性活用；第四，只利用词类特征构建句法太粗线条了，精度容易遭遇天花板；第五，为了提高精度，特征的颗粒度可以形成一个大类辖子类的上下位特征链条，以供解析灵活使用。在词汇特征中，要特别强调子范畴，它是句型匹配的主要依据。子范畴也是一个桥梁，可以在句法解析中带进语义条件和常识，这对中文解析特别有价值。总之，用词义的本体特征，把子范畴带入常识，构建特征链条，包容特征歧义。这样，在一个"千"数量级的特征集上做解析，是可以做出质量很好的中文解析系统。我觉得这让我脑洞大开，谢谢！

伍 语言递归的误区

郭：李老师，我一直关注您的学术轨迹，对您三十多年来在自然语言领域深耕符号逻辑，独树一帜，甚是钦佩。在您的博客上，看到您对乔姆斯基一直多有批判。乔姆斯基作为理性主义学派的代表人物，我还是比较崇拜的。我不理解的是，您一方面非常认同这个学派，但为什么又批判他呢？

李：先说明一句，尽管我对乔姆斯基多有批评，指出他理论上的误区和对于自然语言领域客观上的误导，但这都属于"体制内的批判"，并不是反对派的"路线之争"。

乔姆斯基是计算语言学的开山鼻祖，是人工智能领域理性主义的旗帜。他的形式语言理论是计算语言学的基石。我们文法学派，作为理性主义符号逻辑的践行者，都算是他的徒子徒孙。我们批评他，也还是以他开创的形式语言作为参照框架。

乔姆斯基把数学的严谨性带入语言研究，在机制上把人类语言和电脑语言统一起来，达到一种符号系统的高度抽象。没有乔姆斯基的形式语言理论，计算机科学难以发展高级语言，信息产业的一切成果都难以想象。这套形式体系用来帮助创造、解析或编译计算机语言，可说是近乎完美的指导。

可是，完美往前再走一步，就可能是谬误。乔姆斯基认定有限状态机制不适合做自然语言的模型，主张所谓更加"强大"的 CFG。

如此智慧、强大的导师,一旦产生误导,就可能影响一代人。受到负面影响的是我的上一辈学人,是 20 世纪 70 年代、80 年代自然语言研究的主流。这一代人在自然语言理解上所进行的工作,几乎可以说都是玩具系统,在实际应用上很难有突破。这也直接导致了下一代人的反叛,引发了人工智能历史上著名的经验主义统计学派对理性主义符号学派的斗争。理性主义总体上处于守势,并逐渐脱离了学术主流。

在过去 30 年中,统计学派的所有成就,都是对乔姆斯基的实际批判。几乎所有的统计模型,都是建立在有限状态的机制之上。而这正是乔氏反复批判,认为是不适合自然语言的机制。乔姆斯基所推崇的 CFG 在自然语言领域成就有限,也印证了这条道路的时代局限性。

郭:我一直有个疑惑,乔姆斯基作为理性主义的先驱和计算语言学的鼻祖,为什么他的理论在自然语言领域没有产生相应的影响?而且既有的影响也是越来越弱,自然语言的新人对他已经非常陌生了。

李:的确如此。虽然我是理性主义这一派的,但是我也看到了这里面有相当的历史负担,需要从机制架构的高度认真反思。

乔姆斯基是现代理性主义的开山大师。但是,他所创建的学说和做法也有误区。认清这些误区,我们才能向前走稳走远。事实上,经过多年理论和实践的探索,文法学派这边已经逐渐看清了自身的理论局限。坚持下来的符号规则践行者,也在理性主义的传承中闯出了创新之路,突破了自然语言深层解析这个根本性的难题。这也是我们在这次系列对话中要着重阐述的问题。

郭：李老师，您刚才已经讲了，您对理性主义有非常大的信心。但是呢，您也看到了乔姆斯基的观点上有误区。主要有哪些误区呢？

李：在形式理论方面，主要是两大误区：一个叫递归误区，一个叫单层误区。另外，乔姆斯基的语言学革命中的"句法自制"主张，以及他提出的短语结构句法树，也有很多值得商榷之处。

先来看看递归误区。我认为，乔姆斯基最大的误导就是，用所谓自然语言的递归性（recursive nature），一竿子打死有限状态的模式匹配。他所举的"中心递归（center-revursion）"的英语例证，牵强、罕见，很难据此论证自然语言的本性。结果，一代人还是信服他了，理所当然地以为必须抛弃有限状态才可以做自然语言解析。

郭：自然语言是递归的，这不是一个普遍接受的观点吗？怎么说它是误区呢？

李：正因为被普遍接受，就更是误区了，副作用也更大，也就更需要认真地批评了。

语言中的递归现象一般分为两种：一种叫右递归（right-branching recursion），一种叫中心递归。很多人不做细致的区分，但在计算理论里，它们有截然不同的特性。右递归是线性的，中心递归是非线性的，具有完全不同的计算复杂度（computational complexity）。在自然语言中，右递归很常见，有时可以多达七八层嵌套，并不显得牵强，例如动词短语

（VP）的嵌套就是：

（to request A（to beg B（to ask C（to do something)))）

（要求 A（求 B（请 C（做某事))))）

右递归的结构，说的人，听的人，都不感觉有负担。其原因在于，虽然右递归的左边界在不确定的位置，但他们都归于统一的右边界，类似于这样的形式：

（…（…（…（…（……)))))

这样一来，就不需要"栈结构（stack data structure)"的机制来对付它，有限状态就可以了。

乔姆斯基没法拿右递归来批判有限状态，因此他需要拿中心递归作为立论依据。可问题是，自然语言几乎没有什么中心递归。所谓中心递归，就好比大中小括号的配对。你先有个小括号，然后在外面再加一个中括号，然后再在其外层加一个大括号。你要让左右括号能够配对，才能恰当地表达嵌套结构：{…[…（…)…]…}。这样的中心递归超过三层，人的头脑就已经没法去照应配对了。这也就是为什么真实的语言中很难真正出现这种现象。

郭：我记得中心递归的英语例子有：The man who the woman who had lost all the keys was calling all day finally came.

李：这是人话吗？乔姆斯基反复给我们说：这不仅是人话，而且是人话的本质。所谓牵强附会莫过于此了。中文里面也有人举出这样的中心递归例证，如：关于印发关于学习落实关于进一步深化改革的决定的若干意见的通知……

郭：我来理解一下您的意思：中心递归不存在，或至多不出三层，所以自然语言是有限状态的，对吗？

李：不是不存在，是如此罕见与牵强，而且也从来不超过三层，除非你是恶作剧。因此，它绝非自然语言的本性。

不限层的中心递归假说，离开自然语言事实太远，它违背了人脑短期记忆的限制。世界上哪里有人说话，只管开门而不关门，一个子结构未完又开启另一个子结构，一直悬着吊着的？城中城，最多三重门吧，一般人就受不了了。就算你是超人，你受得了，你的听众也受不了。如果说话不是为了交流，难道是故意难为人，为了人不懂你而说话？这不符合语言为交流而生，服务于交流这个终极目的的共识。

拿恶作剧和语言游戏作为语言能力和本性的证据，是乔姆斯基递归论的最大误导。于是就形成了这么个递归陷阱，使很多人不假思索地接受自然语言是递归的，因此必须抛弃有限状态的观点。人们信服他，一方面是源自乔姆斯基的权威性，另一方面是把常见的右递归当成支持乔姆斯基递归论的证据了。乔姆斯基形式上没有误导，他是严谨的，他只用中心递归作为论据，但客观上产生了误导的效果。

郭：我觉得这是数学家和哲学家的通例：追求形式上的完备。只要理论上不能排除多层中心递归的可能性，就要求形式模型必须内置递归的机制。而自然语言领域的践行者无须受这样的理论束缚，是不是？

李：理论的立足点还是要比对现实中的自然语言对象吧。

事实上，在语料的研究当中，有学者做过非常广泛的调查，发现自然语言中所谓的中心递归的现象，没有超过三层的,而且三层递归的出现也极为罕见[参见 Karlsson 2007. Constraints on multiple center-embedding of clauses. Journal of Linguistics 43（2）：365—392.]。也就是说,自然语言里超越三层的自然递归的现象,在真实语料中找不到,恐怕是一例也没有。既然如此,为什么把实际当中不超过三层的中心循环,硬要归结成似乎是无限层的递归,并认定它是自然语言的本质,而且以此为论据判定自然语言的形式模型呢?

从计算机制看,为了处理理论上无限的中心递归现象,必须有个"堆栈(stack)"的记忆装置和"回溯(backtracking)"的算法才好。不必细究计算机领域这些术语的技术定义。总之,计算机科学的研究已经论证了基于堆栈的回溯,计算代价很大。用它作为基本构造的装置阻碍了语言解析走出实验室。具体来说,乔姆斯基所主张的具有递归装置的CFG,理论上就注定了没有线速算法可用。不存在线速算法,意味着计算时间的不可控,不利于语言技术走出实验室,进入大数据的实际应用。这是它的根本缺陷之一。

郭:我同意您的说法:就只有几层,有方法可以对付,不必搬出递归来。也不该仅仅据此就批判有限状态,坚持递归文法。但是,我还是有个疑惑。短时记忆是一个心理学的概念,而我们计算语言学的从业人员大多认为心理学在这个行业是没有地位的。您同意这一观点吗?

李:我不同意。心理学上的限制直接作用于真实的语言现象,也就是说心理学的东西反映在真实的语言现象当中。而真实的语言现象才是自然语言处理的对象和立足点。面对这样一种带有心理限制的语言数据,处理它的机制却要依据跟这个心理限制相悖的假设,这显然是不合适的。

郭:可是,即便加上了心理学的限制,真实的语料中不是还存在着递归现象吗?那么没有递归装置的形式系统,譬如有限状态,它怎么能解析现实中的中心递归结构呢?

李:没有问题啊。只要递归结构(recursive structure)是限层的,有限状态即可轻松应对,我们多用几个有限状态叠加一下嘛。既然最多不过三层,就是 3X,当然还是线性。即便是 10 层中心递归,也不过就是叠加 10 个"有限状态自动机(finite-state automata)"而已。这根本就不是问题。我们在解析实践中,曾经叠加过 100 层的有限状态机。这种有限状态的叠加应用,在学界有个术语,叫"叠加式有限状态机(cascaded finite-state automata)",其实就是软件工程的串联管式系统的概念。

郭:乔姆斯基的形式语言理论中最著名的发现,就是以他名字命名的乔姆斯基层级体系(Chomsky Hierarchy):把文法分为从 0 型到 3 型的四个种类,分别对应不同的自动机。您怎么看他的层级体系?

李:乔姆斯基的形式语言体系就好比一个层级森严的"乔家大院",每一个形式装置就好比一个"围城"。这里特别推荐和引用白硕老师对乔姆斯基层级体系的一个精彩阐释,可以称作自然语言的"毛毛虫"论:

> 如果认同"一切以真实的自然语言为出发点和最终落脚点"的理念,那就应该承认:向外有限突破,向内大举压缩,应该是一枚硬币的两面。我们希望,能够有一种形式化机制同时兼顾这两面。也就是说,我们理想中的自

然语言句法的形式化描述机制,应该像一条穿越乔家大院的"毛毛虫",如下图所示:

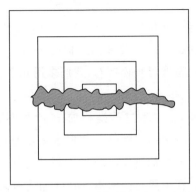

(白硕《穿越乔家大院寻找"毛毛虫"》)

　　白硕老师显然也看到了乔姆斯基的递归论离开语言事实太远,所以特别强调"真实的自然语言"。说到底,形式系统是为自然语言形式化模型服务的。也就是说,系统需要给出自然语言长得是什么样的合适框架。白老师和我的共同答案是,合适的自然语言模型需要穿越"乔家大院"的"围城"。乔姆斯基现有形式体系里面的任何一个单一装置,用来套现实中的自然语言,不是削足适履,就是大而不当。理论和实践中都有必要洞穿乔姆斯基大院的围墙,形成创新的形式系统,才能为文法学派在自然语言领域的复兴打好基础。在洞穿乔家大院围墙的形式化过程中,白老师有他自己的发明,我也有我的创新。我的主张是拓展和叠加有限状态机制(finite-state formalism),据此建立自然语言由浅入深的多层管式系统。

　　不要小看了有限状态机制。虽然看上去就是一个简单的模式匹配装置,但是,当多个有限状态机在管式系统里面层层推进用力的时候,它们可以应对非常繁复的语言结构和现象,达到传统的 CFG 模型所难以企及的语言解析深度。当然,这个装置本身也需要改造拓展,譬如引进"合一"算符,可以应对语言中的重叠式(如,V — V:看一看);还有在模式匹配中增加类似于"向前看(look ahead)"的后条件,可以有效地排除很多歧义。

这里值得强调的是,保证线速算法是形式创新的前提。我们对有限状态机制不管怎么做拓展,这一条是不变的,就是必须保留有限状态的本质特征,保证"线速(linear speed)"的实现。我们用多层叠加绕过了递归陷阱,消除了阻碍线速的最大隐患。叠加的有限状态系统并不改变系统的线速特征。从计算上看,三层递归所需要的处理速度不过就是 3X 而已,不会影响系统的规模化潜力。实际上,我们部署的多层解析器通常都有 50 多层,中文的系统有时多达 100 层,捕捉递归的结构只是里面一个相对简单的任务。

郭:很有意思,真有脑洞大开的感觉。您和白老师显然得益于多年深耕自然语言的实践,又有上升到理论层面的思考,才会得出上述穿越乔姆斯基围墙的见地。好,乔姆斯基形式系统的第一大误区是递归误区;那么,第二个误区是什么呢?

李:乔姆斯基形式系统的第二大问题实际上在上面的阐释中已经提到了,我把它叫作单层误区。

打开教科书谈句法解析的章节,里面介绍的最典型的算法,如 chart-parsing(图表解析法)就是建立在乔姆斯基主张的 CFG 的形式框架上。用这种形式编制的短语结构文法是经典的规则系统,其中蕴含了递归调用。这类规则系统的算法实现要求在单层的搜索空间进行,如图 5—1 所示。这就是所谓的 chart-parsing,它可以形象地展示在同一个平面的图表上。成功的解析表现为一条或 n 条涵盖全句的搜索路径。

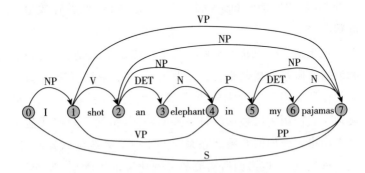

图 5—1　Chart-parsing 的单层搜索示例

单层解析(single-level parsing)的实质就是一锅煮:由语素到词,词到短语,短语到子句,子句到复句,所有这些都在同一个平面进行。

郭:单层解析是要把所有问题一次性解决。难道这样不好吗?

李:主要有三个缺点:首先是没有线速算法,你可以说这是递归陷阱导致的,也可以说是单层搜索的问题,二者是相互联系的。总之,很多人做过努力,就是找不到线速算法,它面对的是组合爆炸。

第二个缺点是不适合模块化开发。因为浅层的语言现象与深层的语言结构全压扁在一个平面上,没给解析留下足够的施展空间。

第三个缺点是伪歧义泛滥。这差不多是它与生俱来的巨大困扰。所谓"伪歧义",是针对真的结构歧义而言。如果输入文句存在一个真正的歧义结构,正确的结果自然会产生两条解析路径来表达这个歧义。伪歧义则是说一个文句在人的理解当中并没有歧义,可是解析器还是输出了多个路径。

伪歧义问题在单层的解析系统里面是一个公认的挑战。甚至一个并不复杂的句子,传统的CFG在实现的时候往往会产生数十条,甚至上百条解析结果。实际上,多数结果之间的区别是如此细微,以至于在实践当中没有意义。这就是解析界众所周知的伪歧义泛滥现象。结果导致少数的真歧义隐藏在众多伪歧义里无从辨识。这实际上等于解析器丧失了应对歧义的能力。这样的单层文法面对真实的语言大数据,很难有效"落地"。语言技术落实到应用俗称语义落地(semantic grounding),就是把语言理解落实到不同的语用场景和领域的应用中。

郭:李老师,我大概理解了您所说的单层误区。能不能展开说一下,它为什么在计算上是不可行的?

李:因为搜索空间太大呀。眉毛胡子一把抓,也就是把任何一种大概率事件和小概率事件,全部暴露在同一个搜索空间里面,不做任何减持。这种"一锅煮"的方法,它在理论上是有道理的。任何一个微小的可能性都是一种可能性,那么就一个完备的理论模型而言,我们不能把任何一条路事先堵死。这样一来,直到全局路径确定之前,需要保存所有的搜索路径。这就导致解析所在的空间实际上是组合爆炸的，自然也就无法得到高效的算法。

郭：单层为什么不适合模块化呢？

李：单层根本就没有模块化。单层的做法就是说整个解析是一个模块，单层意味着非模块化。它的理论基础也有一定的道理，立足点是语言现象之间的相互依赖性。低到分词，再到基本短语的边界，这些浅层的结构，离开句子全局很难最终裁定。事实上，一个局部合理的结构，永远可以在更大的上下文中被推翻。

从这个相互依赖，局部服从全局的视角来看，一旦把结构解析切割开来，就会产生一个鸡生蛋和蛋生鸡的问题。语言现象是互相关联的，那么有什么道理把它分成多层呢？在各层里面，难免有哪一刀本不该切，这就是多层的"过早剪枝"问题。而在单层系统中，相互依赖的现象全部在同一个平面，需要通过全局的路径探索来解决。老实说，如果暂时撇开单层系统的伪歧义和非线速等问题，在理论上，上述否定多层的论证是很难反驳的。但在实践中，单层带来的问题远远大于利益。而多层中过早剪枝的陷阱，其实也有应对之术，这些我们后面会专门去谈。

郭：您的观点跟我对于模块化的理解还不太一样。在我的理解里面，模块本身其实是没有层次的概念。模块就好比砖头，既可以像铺路一样，完全水平地一块一块砖拼在一起；当然也可以像砌墙一样，一层一层地往上往高里走。所以呢，在我的理解里面，模块化与层次不必有关系或呼应。我这么理解有错吗？

李：没错。你说得很好，模块就是砖头，它不必有层次。如果有层次，好比砌墙，那就有了先后次序，是自底而上的串行结构。但也可能砖头与层次之间不存在呼应，砖头是从层次以外的角度切割出来的，那就成了铺路。铺路在理论上不必拘泥于先后次序，有了图纸后可以并行铺砖。实践中，也不妨仍然是串行，一块砖一块砖地挨着去铺。

陆　乔姆斯基语言学反思

郭：您前面讲了对乔姆斯基形式系统的再认识，主要是从自然语言模型角度来看，他有两大误区，递归误区和单层误区。我在学习乔姆斯基句法的时候，注意到乔姆斯基有一个很著名的 X-bar 理论，这个理论很明显就是多层次。其中有基本单元 X，代表名词、动词、形容词之类，然后有一个 bar、两个 bar，表示构成了词组或短语。您怎么看待他的这个层次性呢？

李：乔姆斯基是结构派，开创了讲究层次的短语结构文法，简称 PSG。X-bar 句法理论就是 PSG 的一个典型。

X-bar 理论的短语结构把词类与层次分离，突出了结构的层次性。X 上面加一个 bar 代表的是词组，两个 bar 代表比词组更大的短语。为了使短语结构之间具有足够的抽象性，乔姆斯基风格的短语结构学派，需要假设一系列"非终结节点（non-terminal node）"的存在。动词短语（VP）做谓语，在他的理论中也演化为 I-bar（时体词组）和 VP 两个层次，进一步把"时体"（术语是 tense/aspect）形态与动词本身用层次分开。

如图 6—1 所示，短语结构从代表句子最高层次的非终结节点 IP（所谓"时体短语"）起，中间一层一层的大小短语或词组，最终落实为句法树的叶子，即最底部的终结节点"词"。比

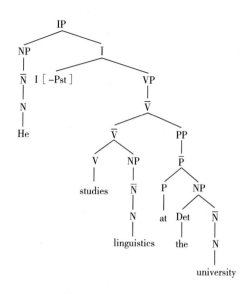

图 6—1 X-bar 短语结构

起其他的句法理论,如"范畴文法(Categorial Grammar)""依存文法(Dependency Grammar,DG)"等,X-bar 句法所构造的虚拟节点层次繁复,给人一种叠床架屋的感觉。所以在层次性上,可以说乔姆斯基已经强调到比较过分的程度。

郭:您上次指出了乔姆斯基的单层误区,但现在又解释乔姆斯基的句法中有很明显、很清晰的多层次。我就有点糊涂了,这个单层和这个多层到底怎么理解呢?

李:咱们不要混淆不同的范畴。单层误区里的单层指的是形式模型的运行机制,而结构多层说的是语言单位的层次。单层误区并不是说乔姆斯基认为语言现象的结构是单层的,而是说在解析语言结构的时候,他所主张的那个文法模型是在一个单层的搜索平面里执行的。图 6—2 对比了单层文法模型与叠加式多层系统。

　　乔姆斯基批判有限状态机无法捕捉自然语言的结构递归,也是戴着单层的眼镜。他的批判在有限状态叠加的多层系统中,不再成立。多层的模块对付多层的结构本来是很自然合理的有效对策,但是,CFG 单层解析的模式预先排除了这个可能性。

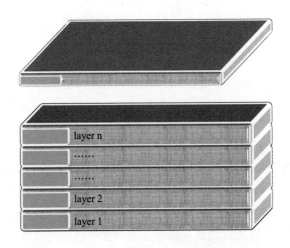

图 6—2　单层系统与叠加式多层系统的对比

　　郭:您觉得在乔姆斯基的语言学理论里面,还有什么别的比较重大的问题?

　　李:乔姆斯基语言学理论值得商榷和反思之处不少,主要包括三个方面:生成文法,句法自制和短语结构树(phrase structure tree)。

　　乔姆斯基于 1957 年发表了划时代的著作《句法结构》,史称"乔姆斯基革命"。此前的语言学主流是属于经验主义学派的行为主义，讲究细致观察记录言语行为，用归纳法慢慢总结规律。是乔姆斯基革命把语言学研究的主流转向理性主义轨道。乔姆斯基在语言学界一直是无可争议的领军人物，他的理论也经历了四次大的创新，每次都是他的自我突破，每次突破都引领了语言学潮流。但是，在乔姆斯基奠基的计算语言学领域，他的影响却日渐式微。这种反差与乔姆斯基的短语结构解析路线方面的局限有很大关系。

乔姆斯基语言学革命的起点是转换生成文法（Transformation Generative Grammar）的学说。其理论上的追求是从一个最高句法范畴 S（代表语句），通过一组"重写规则（rewriting rule）"的递归调用，机械生成自然语言的全部合法语句，而不会生成任何非法语句。这个"正好而且仅仅（所谓 all and only）涵盖全部合法语句"的形式模型假说，太过理想化了，不适合指导自然语言的实践。自然语言不是这个样子的，合法非法的边界并非黑白分明。自然语言不是一个规整的变形金刚，它更像个"毛毛虫"，弯弯曲曲，满身毛刺。硬要把自然语言装进演绎式生成文法模型，容易陷入难以面对灰色现象的矛盾。

我们倡导把有限状态机叠加的多层架构，自底而上来组建语言结构。与生成文法理论相反，自底而上的解析模型不预设先验的理想化目标，而是根据见到的语言数据建模。它是由"数据驱动（data-driven）"建立的多层系统，通过迭代捕捉越来越多的语言现象。自底而上的层层解析，是把文句的捕捉看成一个归纳的逼近过程，而不是认定语言是一个界限清晰的演绎集合。这实际上已经偏离理性主义的主航道，在做法上向统计模型和经验主义靠近了。理性主义路线的符号逻辑开始拥抱经验主义的归纳法。看上去,这似乎又回到前乔姆斯基时代的行为主义,其实这属于否定之否定的螺旋式上升。数据驱动的多层解析模型并非行为主义田野工作那样的碎片化堆积,它在形式严谨性上可比拟乔姆斯基革命后提出的生成文法。

郭:这很有意思。说到乔姆斯基革命,我想起了他的名言:Colorless green ideas sleep furiously(无色的绿思想狂暴地睡眠),感觉这个例子说明句法自制,还是蛮有说服力的。难道句法自制也有问题吗?

李:不错,的确有问题。

乔姆斯基这句"名言"是他为句法自制观点设计的一个非常精彩和巧妙的思维实验。在这个短短的句子中,所有发生语法关系的词,在概念上都不具有语义相谐性,违背了常识:ideas 如何 sleep? sleep 怎么会 furiously? 等等。可是,每一个懂英语的人,都觉得这句话符合句法,可以理解其中的句法关系以及由此而来的语义荒谬。乔姆斯基的这个实验是要表明,句法结构是独立于语义的,句法具有独立的解析价值。语言学家在研究语言的时候,需要排除语义的干扰,才好深入剖析语言的结构及其形式转换规律。把句法和语义分开,在当时确实极大地推进了语言研究。前乔姆斯基时代的传统语言学里面,句法语义不分家,客观上阻碍了语言研究的形式化和严谨性。但这只是问题的一个方面。

自然语言作为利用形式表达语义的符号工具,很难让句法完全独立于语义。句法自制的观点是有严重隐患的。

郭：您的意思是句法自制是错误的？

李：不能简单地说对错，但是，这一观点蕴含的问题值得商榷和反思。

句法自制是乔姆斯基革命的根基，批评它不容易。一方面，这个观点不仅仅具有历史上的革命意义，而且具有宏观的指导作用。的确，从架构上可以也应该尽可能让句法模块独立于语义模块，先句法后语义。从设计理念上看，这种分工往往也是合理的。另一方面，坚持句法的纯粹性和完全自制，排斥在句法阶段引入语义约束却是不合适的。尤其在中文这种缺乏形态的语言中，完全的句法自制基本上行不通。

中文的问题是，显性形式不够用的情况比较严重，表现在形态缺乏、功能词常常省略、语序太灵活等方面。在这样不利的形式条件下做句法，即便是粗线条的解析也很不容易。解析器要想避免产生太多的伪歧义，句法不代入语义是很难奏效的。如果非确定性结构作为句法解析的结果可以接受，完全排斥语义的句法自制，好像也没什么不可以。但实践中，面对中文这样的对象，非确定性结构的积累包含太多大大小小的歧义，其中多数是伪歧义。这很容易使语言解析变得难以把握调控和追踪维护。而基于符号逻辑的规则系统，则有可解释性和可定点排错两大优势。削弱了这两条，规则系统的价值就成问题了。因此，我们说，用完全的句法自制指导中文解析是不合适的。

郭：这样的话，人家可能要有疑惑了，这横也是一套理，竖也是一套理。咱们到底是站在乔姆斯基句法自制一边呢，还是站在对立的提倡句法和语义融合的一边呢？

李：其实还真不是简单的站队问题。语义带进句法的做法与句法独立于语义的模块架构，是可以并行不悖的。

语义带进句法是碎片化引进语义条件以便构建句法结构，而句法后的语义模块是建立在句法结构基础上的深度语义解析。引进语义主要是用语义相谐作为附加的约束，譬如 eat 与 food 相谐，可以帮助构建其动宾关系。语义约束是形式约束的延伸和细化，用于"剪枝（pruning）"消歧，可为结构解析保驾护航。与碎片化引进语义不同，语义作为独立的模块，是在句法结构的基础上，再行语义条件，把句法的粗线条结构进一步转化或修正为逻辑语义的深层解析。语义模块的目标是生成深层次的逻辑形式，从而为语义落地提供更好的条件。

排斥语义的句法，对于形态丰富的欧洲语言问题不大。但处理中文这样形态贫乏的语言，就不合适了。懂汉语的人很难信服完全的句法自制——句法形式的约束和语义约束有时候很难截然分开，否则连简单的句子"菜我吃了"和"我菜吃了"都搞不定。NP1＋NP2＋VG 仅从形式着眼，两个 NPs 谁是主语，谁是宾语呢？不引入语义约束，"吃"的宾语通常是 food（食物），主语通常是 human/animal（人/动物），如何解析？形态丰富的语言，句法自制的能力就强些，它们一般有主格宾格的词尾形式来帮助区分。

郭：句法和语义的边界在哪儿？如何区分句法问题和语义问题？或者说，如何决定一个现象是在句法模块解决，还是留到语义模块解决？

李：理论上讲，句法是通过形式条件解析文句背后的结构（主语、谓语、宾语、定语、状语、补语等）；语义是通过句法结构和语义特征解析深层的逻辑形式（核心是逻辑语义），作为语言理解的形式化表示。逻辑形式是人类共通的，原则上完全独立于具体语种。实践中，句法与语义之间并没有一道鸿沟，不同的解析系统对于两个模块可以有不同的比例安排和内部协调。

逻辑形式涵盖语义结构，又叫逻辑语义关系（施事、受事、对象、工具、方式、时间、地点、原因等），解构这些深层关系蕴含了结构消歧（structure disambiguation）。从词节点上看，逻辑形式还包括词义消歧（word sense disambiguation）。所谓理解了一句话，对于深层解析模型来说，就是把这句话解析成了逻辑形式。

句法结构与逻辑语义结构之间也没有一道鸿沟，后者是前者的映射和细化。从模块化的角度，歧义现象究竟是放在句法模块还是语义模块去处理，是一个选择问题。譬如结构歧义，根据歧义所需要的条件，消歧工作可以在句法进行，也可以留到语义模块进行。一般而言，局部条件可以解决的歧义，句法内部就解决了。需要全局条件的歧义，自然是等到句法解析以后再做比较稳妥。

解析隐含的逻辑语义关系，放在句法结构建立以后的语义模块里处理比较合适。譬如，"这件事儿很容易走偏"和"这件事儿很容易处理"，句法根据句型特征可以确认"这件事儿"是句法主语（synS），"很容易走偏/处理"是谓语，见下面图6—3"句法结构树（syntactic tree）"。

语义模块在上述句法结构基础上，可以进一步解析出隐含的逻辑语义关系："这件事儿"是前一句"走偏"的逻辑主语

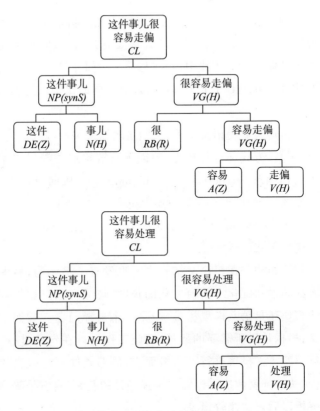

图 6—3　句法结构树

（S），后一句"处理"的逻辑宾语（O），如图 6—4 所示。

　　我们主张句法尽可能简化一些。总体原则是小句法、大语义，句法简练、语义繁复。句法哪怕局部有错，只要把结构架子搭起来，让句子中的词通过句法关系连起来，就提供了一个全局的结构环境。这就够了。句法解析的主旨就是把非结构的文句结构化，给语义提供结构匹配的支持。这一条思路

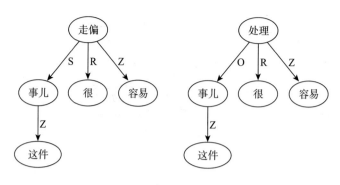

图6—4　逻辑主语和逻辑宾语

推向极端的话,也可以把句法定义为只管解构词与词的依存链接,至于依存链接的关系性质则由语义模块负责。这样来看前面的例子"我菜吃了"和"菜我吃了",句法只要把"菜"和"我"作为论元与其谓语父节点(parent node)"吃"建立依存链接,句法的结构化任务就可以宣告完成。至于这两个论元谁做施事主语,谁做对象宾语,可以交由语义模块负责。这样来组织句法和语义的分工合作,可以把句法自制原则贯彻到底。虽然这不见得是最佳的中文解析策略,但这种设计也自有其合理的动机与模块清晰的优点。其实质是把结构化与角色功能分解为两个独立的子任务,使得句法更加紧凑、抽象。

乔姆斯基语言学反思的最后一个话题是他的短语结构文法及其"表示(representation)"。对于自动解析,这也是很关键的课题。

郭:短语结构的"树表示(tree representation)"是自动句法解析中广泛使用的解析标准,譬如著名的宾州树库。这里也有乔姆斯基的问题吗?

李：当然有。乔姆斯基是短语结构文法（PSG）的开创者，相对于依存文法（DG）的解析，PSG 结构树有种种局限，并不适合作为深层解析的最终表示。

PSG 与 DG 两大流派的区别主要在于不同的语言解析表示。两大流派为自然语言结构建立的表示不同，其语义的表达力也不同。先看看两种结构解析的结果各自长得什么样：

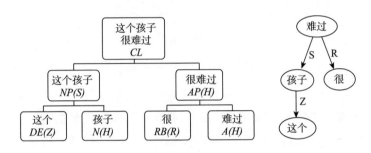

图 6—5　两种结构解析的结果

如图 6—5 所示，依存关系（dependency relation）直接把作为文法基本单位的词与词，通过确定"父节点"与"子节点（child node）"的关系链接成图。短语结构则通过相邻的词组合成越来越大的句法单位，等于是在语言单位之间加了中介（叫非终结节点，NP，AP，等），然后建成树结构（tree structure）。

20 世纪 50 年代，中文语言学界曾经有过一场两种语法分析方法的大争论——结构分析法与功能分析法。结构分析法（俗称二分法）指的就是短语结构解析，强调句法结构的层次性，表现在代表不同短语结构的非终结节点上。功能分析法稍早一点儿，源自法国语言学家特斯尼埃尔（Tesnière）20 世纪 50 年代早期开拓的依存文法理论，强调的是词与词的有向直接联系。依存关系图没有非终结节点，所有的关系都直接建立在作为终结节点的词与词之间。所谓有向，说的是二元依存关系总是有父节点和子节点的区分，图6—5中用父节点指向子节点的箭头表示。

这两派在自然语言领域的表现很有意思。由于乔姆斯基主流语言学的影响，学界的标准范式是短语结构树，体现在"宾州树"这样有影响的文法解析的行业标准集。但是，在实际使用结构的时候，大家发现还是依存关系图更合适、更好用。譬如，查找"主谓宾"这样的"子图（subgraph）"关系，在依存关系图上操作比在短语结构树上要直接得多。结果，很多依据宾州树标准开发的句法解析器，通常附加一个转换工具，让使用者调用，以便在使用结构匹配前，先把短语结构树转化为依存关系图。

但是，这两种解析表示并不是等价的。短语结构树差不多都可以近似等价地转换为依存关系图，但反之则不然。依存关系图比短语结构树具有更加丰富的表达空间，因此更加适合深层解析。

郭：那么依存关系解析及其"图表示（graph representation）"多出了什么？这多出来的表达力对于自然语言理解的意义是什么？可以举几个例子说明吗？

李：多出来什么？可以先说两点，都是"违反原则"的：①允许一子多父；②允许交叉链接。有意思的是，语言学中但凡称为原则的东西，通常都好比是大规则，它是管不了例外的。因此，从文法机制的角度来看，硬性坚持原则的文法不是好的模型，而允许违反原则的文法则意味着表达力的突破，从而增强了文法对于语言现象的捕捉潜力。

先说第一条"一子多父"。在同一张图中，子节点可以与多个父节点链接。有意思的是，这个表达力也被认为是违背依存文法原则的，但实际上却是非常有用的特性。传统的依存文法的"父子原则"是：一个孩子最多只有一个老子，老子则可以有 0-n 个孩子。

从语言学角度看，父子原则其实说的是角色定位的法统唯一性，一个人做了张三的孩子，就不能当李四的孩子。不能脚踩两条船。如果遇到一种说法，单单从结构模式上无法确认是谁的孩子，那就是结构歧义，将对应两个不同的解读。

英语中最知名的结构歧义是 PP-attachment，它的结构模式是：V ＋ NP ＋ PP，其中介词短语（PP）既可能是名词短语（NP）的定语（M），也可能是动词谓语（V）的方式状语（mannerR）。譬如英语例句 "The boy saw the man with the telescope"，这里面的歧义结构不违反原则，反而支持了这项原则。根据原则应该输出两棵句法树，把隐含的结构歧义清晰地区分出来。

上述例句赶巧有双关语的特性（俗称"真歧义"），在句子层面两种意思的可能都存在（"用望远镜看那人"或"看那戴望远镜的人"），因此结构表示上就应该反映这个结构歧义。上面这样输出两棵句法树是常规的歧义表示，从数据流上看就是输出了非确定性结果。值得注意的是，短语结构树只能用不同的树来表示结构歧义（见图 6—6），但依存关系图不同，完全可以在同一张"依存图（dependency graph）"里包容结构歧义（见图 6—7）。

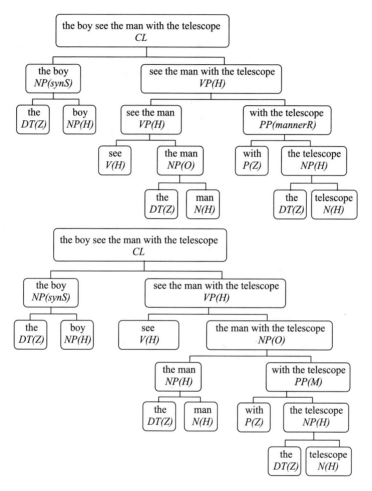

图 6—6 两棵句法树表示结构歧义

结构歧义的多数情形不是真歧义,而是表现为伪歧义。文法层虽然有两种可能性,但语义上却只有一种解读(可以通

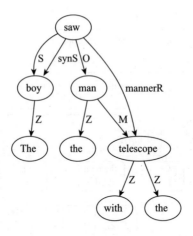

图 6—7 "依存图"包容结构歧义

过语义搭配来消歧),譬如：

They saw [the girl with a hat].

They [hit [the nail] with a hammer].

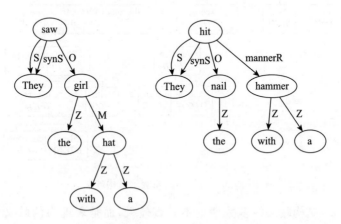

图 6—8 通过语义搭配来消歧

这就跟三角恋爱一样,恋爱时有三个角色:V,NP,PP;两组暧昧关系:(V,PP),(NP,PP)。可是,它们最终只能成就一种"婚姻"关系。谁跟谁结合,决定于相互的吸引力,即语义相谐度(俗话叫谈得来)。显然,[the nail, with a hammer]的气味不相投,根本无法与[hit, with a hammer]相比。前者的语义"带着锤子的钉子"不搭调,远不如"拿着锤子去砸"来得自然、贴切。同理,在[the girl, with a hat]与[saw, with a hat]的较量中,前者更加般配。可见,语义搭配的条件很琐细,不适合在句法阶段用它来消歧。这时候,能够包容歧义的依存关系图作为句法模块与语义模块的接口,就显示了优越性。如果是短语结构树做接口,就必须是两棵树,以非确定性结果的形式传给语义模块,增加了接口的复杂度。

郭:原来如此。歧义包容就是以确定性结果的形式包容了非确定性的二义路径。

李:正是。仔细研究可以发现,所谓父子原则不过是文法层总结出来的统计上带有一定普遍性的趋势,在逻辑语义的深层(大脑思想里)并没有硬性约束。在客观世界里面,少有一个实体只充当一个角色的情形。张三在父亲面前是儿子,在儿子面前是父亲;在公司是老总,在太太面前是丈夫兼车夫,等等。思想是客观世界的反映,所以,多角色在逻辑语义上没有问题。既然如此,就需要一个合适的表示。依存关系图可以,短语结构树就不行。

中文语法里面有一个著名的现象,叫兼语句式,也需要"一子多父"的包容性。例如:"我们请他立即离开。"汉语学家创造了一个特别的术语叫"兼语",兼做宾语(O)和主语(S),

正式认可了这种"违反原则"的语言事实：

图 6—9　兼语句式

这样看来，作为最终语言文句解析的形式化表示，乔姆斯基风格的短语结构树最多只是一个桥梁，适合做最终表示的还是依存关系图。从软件数据结构的实现来看，"图（graph）"也比"树（tree）"更富有灵活性和表达力。所以我们主张的结构模式匹配，一般也是说的在依存关系图上面的操作。

　　郭：允许交叉链接是怎么回事？在短语结构文法中，如果是无法消除的交叉歧义，必须输出两棵独立的句法树。是吗？

　　李：不错，短语结构文法不允许交叉。短语结构必须相邻，相邻的节点才允许发生关系。允许交叉链接，意味着短语内的从属成分可以跳出短语的边界，与其他词发生关系，这就打破了所谓"岛屿限制（Island Constraints）"的语言学原则。在 abcd 中，如果 a 与 c 发生关系，b 和 d 就不能发生关系，否则就是犯了交叉禁忌。从短语结构来看，这是天然排除的：或者（abc）d，或者 a（bcd）。交叉链接等价于"括号对"的交叉，有括号大墙挡着，交叉绝不被允许：

　　*（a［b c）d］

短语结构文法杜绝了交叉的可能性,使得解析更有条理,这里面蕴含了逻辑上防止思维紊乱的好处。统计上看,短语结构的边界约束使得越界交叉成为不可能,这符合多数语言的多数现象。同时也降低了计算复杂性。但缺点是,例外在这个框架里面很难被容纳。

岛屿限制的例外在中文里并不鲜见。例如:"胡子他从来不刮鬓角。"在这个句子中,"胡子"与"鬓角"的所属关系,在短语结构树上就不可能解构:

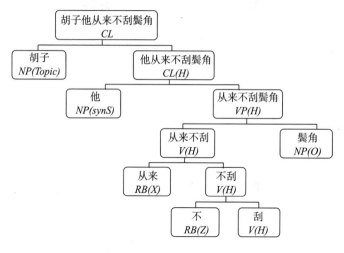

图 6—10 "岛屿限制"例外

涉及"鬓角"的第一个岛屿是动宾结构的 VP,"鬓角"作为动词短语内部的宾语(O)被包住了。这句还有第二个岛屿 CL(Clause,单句),又包了一层。作为句首的所谓"话题"(Topic)成分,"胡子"要冲破岛中岛的双重包围,才可能与"鬓角"相遇,这在短语结构树中是天然排除的。然而,二者的逻辑语义关系是显然成立的,只是短语结构无法表示。这算是短语结构文法的"制度缺陷"。

由此看来,逻辑语义允许交叉链接的依存结构图,显然比短语结构句法树具有更强的表现力。在依存关系图上,"胡子他从来不刮鬓角"与"他从来不刮胡子鬓角"在底层结构上统一了(见图6—11):

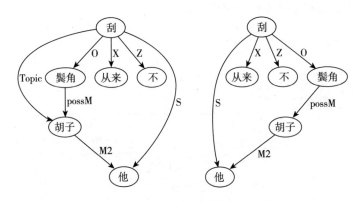

图6—11 依存关系图允许交叉链接

郭:看来,PSG的表现力的确不如DG。不过,单就句法层面来看,PSG的那些内在局限不但不影响句法,反而有助于实现句法理论中的那些原则。您所举的例外似乎大多涉及深层的逻辑语义关系,而不是表层的句法关系。

李:你的观察也有道理。如果把句法仅仅当作一座桥梁,当作语言结构化的中间站,那些约束可能有益无害。但重要的是,自然语言解析的最终表示必须突破短语结构的束缚,还是要表示为依存关系图,而不是短语结构树。只有如此,上面两个例句的句法句型的不同,最终在解析表示中才会归一,而这才是深层解析的宗旨。

我想指出的是,交叉禁忌或岛屿限制与"一子不多父"和"最长匹配"等原则类似,都有人类思维逻辑里面的某种共同趋向,都在语言事实上有统计意义的反映。但这些原则都不是铁律。交叉禁忌作为逻辑追求清晰的天性,也许的确有某种超出语言本身的普世理据。但是,利用短语结构的硬性约束来贯彻这个原则,影响了深层解析的表达力和灵活性。这样看来,短语结构文法是有严重缺陷的。用短语结构来为自然语言建模将终将遭遇天花板,因为它对自然语言的复杂性估计不足。总体来说,依存文法是更好的表示模型,更适合自然语言的深层解析。

郭:说到浅层句法,深层语义,那么请问一下李老师,语言学的几个重要分支有词法、句法、语义、篇章和语用,从整体架构上看,它们是怎样的关系?

李:篇章研究跨句的关系,属于另一个层面。单就句子看,语言处理架构也基本上就是按照这个次序层层深入的一个系统:①词法;②句法;③语义;④语用。

词法提供了非常局部的语素结构,而句法则提供全局的"句素"结构,其中词(包括派生词和合成词)是词法与句法的接口,理论上它是词法的终点,句法的起点。前面提过,接下来的语义模块借助结构图匹配,可以对文句做更深更细的解析(如逻辑语义)或唤醒式修正(参见"拾 歧义包容与休眠唤醒")以及其他的语义工作(如词义消歧)。最后,在深层解析的逻辑语义图(logic-semantic graph)上,语用模块负责应用场景的语义落地工作。

句法模块的目标就是结构化，为下一步的逻辑语义深层解析和其后的语义落地到语用，提供最基本的结构框架。句法结构使得语义解析和落地可以建立在子图匹配的基础上，而不是建立在"线性序列（linear sequence）"（如 N 元组）的基础上。这个过程在形态丰富的欧洲语言中，基本上可以脱离语义而进行。但是，在中文里就很难完全排除语义。对于多层句法，语义带进句法是逐步进行的，常常是作为个性的规则出现在规则的层级体系里。碎片化引进语义常识，是对概括性强的文法规则的"例外堵截（exceptions prehandling）"。否则，句法解析可能会被伪歧义淹没，又回到了早期句法解析的困局。

词法、句法与语义一起构成解析的核心引擎，它支持后面的语用模块。这是自然而合理的架构。解析原则上是跨领域的，而落地几乎总是领域化的。解析这个核心引擎很厚重，面对的是自然语言的大海。而落地的语用目标常变，今天用于机器翻译，明天用于信息抽取（information extraction）；今天抽取金融信息，明天抽取医疗信息，如此等等。解析独立于领域的架构，是以不变应万变之策。语言的千变万化在深层解析中归于统一的逻辑形式。逻辑形式基础上的落地应用有以一当百的概括潜力。解析越深入，落地模块就越有效。

柒 深层解析是图不是树

郭：李老师，我想请教一下结构解析的全过程。自然语言理解的核心问题就是解析句子的结构，您能不能先介绍一下，解析大概有几种不同的方法呢？

李：语言学领域里的句法分析理论主要有两大派。第一派叫作短语结构学派，简称 PSG 派，以乔姆斯基为代表；另一个学派叫作依存文法学派，简称 DG 派，这个学派的代表人物是法国的语言学家特斯尼埃尔。前面反思乔姆斯基语言学理论的时候，我们有过一些 PSG 和 DG 的讨论。这里，我们从中文深层解析的角度，再谈深一点。

这两派对语言背后的结构究竟是什么模样有不同的看法，表现在结构解析的不同表示上。乔姆斯基所代表的短语结构文法学派强调句法的层次性。它把相邻的词或词组层层组合，构成短语结构的虚拟节点（非终结节点），最后形成一种句法树的结构表示。例如图 7—1，"花猫在追一只老鼠"这个句子中，"一"与"只"组成数量结构（DE），然后作为限定语（Z）与"老鼠"进一步组成名词短语（NP）。结构助词"在"与"追"组成进行体的动词词组（VG）。然后，VG 与其后的 NP 结合，成为动词短语（VP）。最后，"花猫"作为句法主语（synS）与动词短语结合成为单句（CL），形成一棵完整的句法树。

依存文法学派以词和词的"二元有向直接联系"为结构

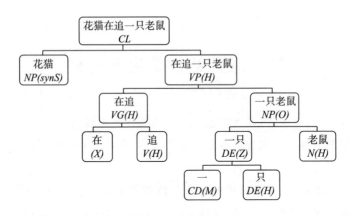

图 7—1　短语结构句法树

元件,组建一种依存关系图,来表示对于文句结构的理解。根据这一学派的配价理论,文句结构不需要中间的虚拟节点(DE,NP,VG,VP 等),而是直接在词和词之间进行依存关系的配对。依存配对所依据的子范畴句型,确保每一个孩子能联上自己的父亲。在上面的例句中,作为修饰关系(M),"一"找到了"只";作为限定语(Z),"只"又找到"老鼠";"老鼠"作为宾语(O)、"花猫"作为主语(S),分别找到动词"追",最后形成了一个依存关系的结构图(见图7—2)。

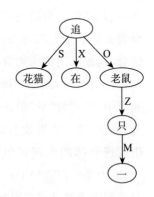

图 7—2　依存关系结构图

郭:这两个结构图看上去蛮中规中矩的,只不过表示方式不同。我的问题是,二者的本质区别究竟

118

在哪里？

李：PSG 揭示显性的句法关系，难以表示隐含的逻辑语义关系。举个中文语法学界的著名例句："王冕七岁上死了父亲。"从形式上看，依据中文典型的主谓宾句型，"王冕"是句法主语（synS），父亲是宾语（O）。句法解析的 PSG 结构树如图7—3。

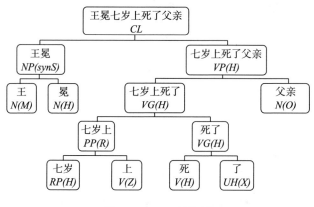

图7—3 PSG 结构树

然而，反映语义理解的深层解析则有所不同。"死"的是"父亲"（逻辑主语），而不是"王冕"。这就需要把句法宾语改造成（逻辑）主语。谁的"父亲"？"王冕"的父亲。因此王冕是父亲的（逻辑）修饰语。谁"七岁"呢？还是"王冕"。可见，深层解析需要把句法结构推向更深层的逻辑语义结构（logic-semantic structure）：

①"父亲"与"死"从句法宾语关系改为（逻辑）主语关系（S）；

②"王冕"链接为"父亲"的所有格修饰语（possM）；

③"王冕"链接为"七岁"的修饰语（M）。

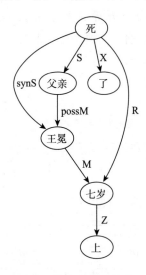

图7—4　逻辑语义结构

值得注意的是，上述深层解析所需要建立的这三项逻辑语义关系，只有逻辑主语可以在原句法树结构内部改造或映射而来。这是因为"父亲"与"死"在短语结构树中也是直接联系的（作为句法宾语）。后两项依存关系，"王冕"与"父亲"以及"王冕"与"七岁"的关系，通常称为隐式逻辑语义，它们无法在PSG树结构的框架内表示出来。换句话说，PSG树的逻辑语义表达力不够，需要拓展到DG图结构。所以说，深层解析是图不是树。

可以说，PSG树好比牛顿的经典力学，DG图好比爱因斯坦的相对论。后者涵盖并且升华了前者。当然，任何比喻都是跛脚的。结构树也有一些依存图不具备的优点，譬如直观上突出了层次，句型显得更清晰。又因为结构树直接根植于文句顺序的组合，对于层层解析的排错和维护也更显直观。

解析结果的表示有两种方案三个选项。第一种方案，无论浅层深层，解析从一开始就跳过 PSG 树的表示，直接建 DG 图。第二种方案结合 PSG 和 DG 的优势，其中一个选项可以是先行 PSG 句法解析，以完整的句法树作为结构支持，再行 DG 形式的逻辑语义解析。这样既保持短语结构组合的层次性，又能增强深层解析的表达力。这本书里的解析样例就是采用这一方法。第二个方案还有一个选项，只让浅层解析采纳 PSG 组建基本短语。到了深层解析即不再采用 PSG 表示，解析器以基本短语作为基础，转为 DG 建图。这三个方法风格上有所不同，但最终都是用结构图来表示深层解析出来的逻辑语义。

郭：我有个疑问，在 PSG 句法树让位给没有非终结节点的 DG 关系图以后，短语不见了，只剩下中心词，现在叫父节点。为什么仍然可以使用名词短语 NP、动词短语 VP 等做匹配条件呢？

李：在依存图里面，NP 和 VP 不再表示非终结节点，而是化为动态特征，由系统赋值在这些结构的父节点身上。所以，短语结构的条件一样可以用，只是表现形式不同而已。

我们倡导 DG 框架，并不排斥 PSG 当中的层次信息。PSG 有一个著名的"头词特征原则（Head Feature Principle）"，说的是短语节点需要继承头词的特征，因为头词是短语的代表。不同的机制有不同的方式实现这个原则。例如,属于 PSG 范畴的 HPSG 采用的办法是对其特征结构中所定义的头词特征实施合一操作。DG 这边由于依存图废除了非终结节点,这个问题就自然消解了:查找短语现在等价于查找短语的头词。而头词原本缺乏的短语层次信息,可以由短语组块模块作为动态特征赋予头词,一切就齐备了。

因此,DG 表示不仅仅更加精简、直接,而且具有 PSG 表示的所有信息。例如,"吃苹果",在"吃"和"苹果"没有建立动宾关系之前,这个"吃"只是一个动词。"吃"的词类特征是 V,并没有上升到短语层次的特征(VG、VP),因为它还没有建立出更高的层次来。在层层解析的过程中,这个动词和"苹果"发生了动宾关系。换句话说,在"苹果"填了及物动词"吃"挖的宾语"坑"以后,"苹果"不见了,整个动宾结构就由这个动词父节点来代表了。在这个动宾结构的匹配和构建过程中,解析规则里面的动作多了一个给父节点赋值动态特征 VP 的操作。短语结构及其层次信息就这样以 VP 的特征形式保留下来,供进一步解析所用。下一步的文法规则如果要找一个"VP"作为谓语,就问后面这个节点有没有"VP"特征即可。带有节点特征的 DG 图因此可以反映一切传统的 PSG 所需要的信息。

郭:明白了,短语结构的信息并没有丢失。除了句法关系,您上面提到了更深的逻辑语义关系。这两种关系有什么关系?文句解析是不是就要解析出这两种关系?

李:句法关系是粗线条的表面关系,它后面是细线条的逻辑语义关系。严格地说,求解出文句背后的逻辑语义关系才能算达到深层解析的目标。

董振东先生是逻辑语义研究的先驱前辈。他告诉我们，什么叫理解了一句话呢？在自然语言领域，语言理解的核心就是解构出文句的逻辑语义，从而可以就文句表达的内容回答问题。

可见，逻辑语义表达了一句话的核心语义关系。在句法关系基础上进一步求解逻辑语义，是深层解析的主要目标。简单来说，就是把语言成分填空到合适的逻辑语义角色（logic-semantic role）里，从而可以回答"谁（施事）做了（谓词）什么（受事），如何（方式）、何时（时间）、何地（地点）、为何（原因）"等问题。前面的"王冕七岁上死了父亲"的逻辑语义解析图所蕴含的信息，可以用来回答下列问题：

（1）提问逻辑主语：谁死了？"（王冕）父亲。"

（2）提问所有格：谁的父亲？"王冕。"

（3）提问状语：什么时候死的？"七岁。"

（4）提问定语：谁七岁的时候？"王冕。"

（5）提问整个谓语：王冕怎么了？"（父亲）死了。"

句法关系主要是做一个桥梁，搭起一个结构框架。其后的语义模块再去细化和确认节点之间究竟发生了怎样的逻辑语义关系。这样的分工合作，可以把解析推向更深的逻辑形式，更好地支持各种不同的语义落地场景。

在句法关系中，我们常常用节点的句法成分来表示结构的种类，主语、谓语、宾语、定语、状语、补语，等等。在逻辑语义上，成分的角色还可以进一步细分，譬如，逻辑主语是施事、体验者，还是工具？在"张三踢球了"这句子里面，"张三"是"踢球"的施事，是"张三"这个实体发出了"踢球"的动作；如果说"张三非常开心","张三"是体验者,说是施事就不合适了。再如,"冲锋枪扫射了半个小时","冲锋枪"属于工具,而真正的施事在句子中没有出现,有可能是某个士兵。

郭:在批评 CFG 的递归误区以及单层解析局限的时候,您提出的替代机制是多层的有限状态机。我想请李老师专门谈谈多层有限状态系统到底是如何工作的,自然语言深层解析是怎样在多层中实现的。

李:咱们先讲解一下系统总貌,它的工作原理。以后找机会进一步讨论机制上需要什么创新,以及如何实现创新。

规则就是专家代码,规则集形成文法。语言学家用形式语言写文法,与工程师用高级语言写程序是同质的。文法编译后就是可执行程序。其后的调试、排错和迭代,各种测试、维护和提交,也都是类似的开发流程。所不同的是,编写规则代码的语言不是通用的高级语言,而是建立在高级语言之上的面向 NLP 的专门语言。这个形式语言的核心就是一种创新扩展的有限状态机制。

传统的单层解析器基于一个统一的文法,多层解析器则是由一系列文法模块叠加而成。后者的语言学算法(linguistic algorithm)体现在多层文法模块的叠加及其运行方式上。算法的对象就是反映输入文句的内部数据结构,它是自然语言的数据模型。

郭:您刚才讲的多层解析,每一层都是用一个有限状态文法(finite-state grammar)来处理,是这样吗?

李:是的。在多层管式系统框架下,每一层文法模块就是一个子程序,它对内部数据结构实施模式匹配,其结果反映在数据结构的更新上。

　　解析器一层一层地对语言对象自底而上匹配扫描,得出中间的结构,最后一步一步达到依存图的最终解析。根据系统的配置(configuration),各模块组织成一个从前处理到浅层解析,再到深层解析的管式系统,称为解析器核心引擎。数据结构中蕴含的依存图代表了深度解析的结果。作为核心引擎,解析器用依存图来支持结构基础上的应用场景。

　　有限状态的模式匹配,决定于规则的条件约束。前面讲符号模型时强调过,条件约束的两个要素是符号以及符号之间的次序。有两种条件模式。线性模式的次序就是左右邻居,邻居的邻居等。子图模式的"次序"则是上下节点,这就从线到面,从物理距离上升到亲属关系。子图匹配就是从入口词找父节点或子节点,沿着父子关系找兄弟姐妹、找祖孙,等等。

　　郭:您刚才多次提到符号,您能把规则里面的符号这件事情再进一步解释一下吗?

　　李:规则里面的符号是什么? 简单说,就是对语言符号的形式化描述,作为符号节点的匹配条件。

　　语言符号的描述用的是计算机代码中广泛使用的"布尔表达式(Boolean expression)",即可以用逻辑运算符"与或非(logical AND,OR and NOT)"来连接特征或"直接量"。在我们给出的规则伪码中,符号的布尔表达式置于方括号之中冒号的左边:[符号描述:动作]。在语言规则系统里面,最简单的符号描述就是语言单位本身,术语叫直接量。直接量用引号标示。假如输入文句分词后是"张先生/爱/赵小姐",最

简单的三元组直接量规则示意如下:

输入:张先生/爱/赵小姐

规则:["张先生":＜S,2＞]["爱":CL]["赵小姐":＜O,2＞]

输出:

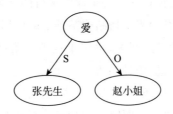

图7—5　主谓宾结构图

这条线性规则以序匹配输入文句的三个词,匹配成功后构建的主谓宾结构图如上面的图7—5。匹配成功后的动作部分编码在冒号后,包括特征赋值,以及尖括号表示的依存关系链接。具体说来就是,"张先生"与2号词建立主语(S)的依存关系,给"爱"赋值单句特征(CL),最后"赵小姐"与2号词建立宾语(O)的依存关系。

郭:这是枚举式规则,很直观,但没有概括性。

李:是的,直接量规则是词典化规则,是语言规则的一个极端。它不具备任何概括性,但非常精准。

假如语言的文句是有限的,最简单粗暴而且精准高效的办法,就是以上述方式把每句话枚举出来予以解析。其本质就是词典"绑架",可以得到与专家同等水平的任何解析结果。可是,自然语言是千变万化的,词典规则只适用于完全固定的成语和习惯表达法。其他规则需要泛化,所以,符号条件必须引进特征描述,而不仅仅是直接量。

于是,固定成语以外,我们有所谓"两条腿规则"。它针对的是"强搭配(strong collocation)"现象,也就是规则中至少有两个节点是直接量。对于非常个性的现象,比如离合词(如"洗……澡")、习惯表达法(如"无巧不成书","不买不知道,一买吓一跳")的活用,两条腿的词驱动规则非常合适。

①["无"] [monosyllabic] ["不"]
　["成":idiom,Concatenate] [monosyllabic]

②["不"] [monosyllabic] ["不"]
　["知道":idiom,Concatenate]

③["一"] [monosyllabic]
　["吓一跳":idiom,Concatenate]

第①条规则可以捕捉"广州人无鸡不成宴吖"中的"无鸡不成宴",动作包括把节点词连接为一体(Concatenate 操作),并赋予 idiom(成语)特征。下面②③两条可以捕捉"不听不知道,一听吓一跳"。这是成语的框架夹杂变元,汉语中并不少见的成语活用现象。这些简单的规则中已经引进了特征描述,譬如,[monosyllabic]要求匹配单音节符号(汉字是单音节的,因此该特征可以匹配任何单字)。

如果再抽象一步,就可以用某一个词作为基点,做个性规

127

则,这就是所谓"一条腿规则"。这种混杂词和特征的细线条规则是非常常见的,它是词典规则的主体。比起成语和成语活用,一条腿规则泛化能力增强了,但它仍然是词驱动的个性规则。

["指挥":VP,Remove(human)] [NP:<O,1>]

这条词典规则的驱动词是"指挥",查问它的右边符号有没有 NP 这个特征。在多层系统中,这是一条动词短语(VP)的规则。它是配置在已经完成名词短语(NP)的浅层解析之后,以便确立"指挥"与其右邻居 NP 的动宾关系(O)。该规则同时删除(Remove 操作)"指挥"的名词特征 human,等于是结构解析的同时,也做了词义消歧。这条规则可以匹配很多句子,诸如:"他指挥过军乐团","张三曾指挥八个师",等等。

郭:这些都是词典化规则,如果进一步泛化,规则就脱离词典了。是吗?

李:是的,词驱动规则都挂靠在驱动词的词条下,放在特定层的词典规则模块里。进一步泛化,直接量就完全让位给特征表达式,构成比较共性的规则了。共性规则(general rule)的概括能力强,影响大,但可能失于精准。

共性规则的内部还有不同的抽象层级,因为特征本身就处于上下位关系的频谱中,可以表示规则不同的泛化程度。特征的顶端是最具概括性的词的大类特征(名词、形容词、动词)。直接量和词类只是整个信息链条的两个极端。在两个极端之间还有一系列的特征,包括子范畴、子类、子类的子类,等等,都可以支持特征规则。以这一连串信息作为基础,构建规则的层级体系,对自然语言的刻画能力当然比纯粹依靠词类的文法解析要精细得多。

仅以词类为基础的模式是非常粗线条的,实际上等于回到了教科书上的 CFG 样本文法。在词类基础上进行抽象,只能概括语言中非常规律的现象。这样做出来的系统实际上是走不出实验室的,没有办法到实际的语言场景中应用。它的概括力虽然很强,但是精度很低。规则后面往往有很多反例,这些反例在词类的基础上是没有办法消除的。

典型的教科书中的 CFG 文法,说一个句子 S 是由 NP 和 VP 组成的;NP 模式是冠词打头,加若干形容词,最后落实在最右边的名词中心词上;VP 最典型的结构就是动词加上它的宾语 NP,等等。这样下来的话,好像这一套系统非常简练和抽象,很简单就把自然语言的很多现象都概括了。这种基于词类的 CFG,第一次看到会很惊艳的。原来,自然语言背后的文法可以如此简明。例如,教科书上的 CFG 可以简单改写成我们的多层规则的伪码(＊ 表示重复任意次,＋ 表示重复至少一次):

教科书:S → NP VP

　　　　VP → V NP

　　　　NP → DT A ＊ N＋

自底而上多层解析伪码:

　　①[DT:<Z,4>][A:<M,4>]＊[N:<M,4>]＊
　　[N:NP]

　　②[V:VP][NP:<O,1>]

　　③[NP:<S,2>][VP:CL]

第①层是名词短语规则,第②层是动词短语规则,第③层是单句规则(在本书的伪码和结构图中,单句用 CL 特征,不用教科书上的 S,因为 S 已经用来表示主语了)。

　　教科书上基于词类的上述文法虽然粗糙,但在一个具有优先级的规则体系中,它有存在的价值。只要有个性的规则把例外堵截住,词类规则就可以是很有效的兜底规则。上述三条玩具式规则可以兜住英文和中文的相当一批主谓宾句式,如:约翰爱玛丽、张三看一本书、John plays the little red ball,等等。

　　例外堵截体现的是词典主义设计哲学。自然语言解析多年来最大的共识之一,就是词典主义路线。然而,自然语言如此复杂,几乎所有的规则都有例外。例外当中往往又有小的规则,小的规则可能还有例外。如果纯粹基于词类和句法特征来编写规则,这样的系统很难真正处理复杂的语言现象。过去的半个世纪,文法学派不约而同地践行词典主义路线,规则逐步词例化,并形成层级体系。合理的架构应该把每个模块都设计成个性模块和共性模块耦合的子系统,将个性置于共性之前。

　　郭:您多次强调多层解析的重要性,我一直听下来,也感到确实有好多的层级。但是,怎么来分层呢?

　　李:分层是系统设计层面的课题。多层架构里面,到底怎样分层,分多少层比较合适呢?没有一个确定性答案。但是,有一些基本的原则和技巧。

　　分层就是中间切一刀,该不该切,在哪里切,往往很费脑筋。前面的章节中就论述过一些分层的经验教训。譬如,在欧洲语言,POS 分出来作为一个先行的模块是有利的。但是到了中文,这一刀就不如不切,否则得不偿失啊。再如,确定性分词模块在单层的 CFG 系统里面,就没有多少存在的理由,因为分词可以简化为穷举式词典查询,把结果馈送给解析器。但是,到了以确定性数据流为基本接口的多层系统,这个确定性分词模块又恢复了。不过,这个模块的任务有所简化,不再追求完美的解析意义上的分词结果,而是分而治之。开放式合成词依赖词法模块的结构组合,当成小句法看待;而远距离离合词(如"洗澡")与隐含式分词歧义(如"难过")则宜留给解析后期的模块。这些与分层有关的设计方案,都是很多年摸索和思考的结果。这里值得再专门强调一下,免得后学重绕弯路。

分层确实有很多的经验因素在里面。一个有经验的解析器设计者,作为语言学架构师,对语言结构是很熟悉的。在分层的时候,先把较小的单位结合起来,再一层层应对越来越复杂的结构。这是语言学模块化的主要考量。按照语言学原则,形容词短语 AP 常做定语,应该早于名词短语 NP。"专名实体(Named Entity, NE)"和"数据实体(Data Entity, DE)",前面可以加限定语成为 NP(如:this John,那 30 分钟),也是在与 AP 平行的层级上。介词短语 PP 应该后置,因为 PP 里面总是有个 NP。动词词组 VG 呢?它自成一体,与上面的几类短语互不依赖,基本上也不交叉。从分层次序来说,其实可以放在浅层解析中的任何一层里。但为了模块的清晰,我们还是主张让它独自成为模块,可以放在句法最初的层级。也就是说,用于"铺路"的预制砖也可以加入到"砌墙"式的"管式(pipeline)"串行架构中。这样一来,浅层解析的多层组织大体是这样的：① VG；② AP；③ DE；④ NE；⑤ NP；⑥PP。

这些浅层解析中的基本短语组块完成以后，下面就是句子层面的句法关系结构。一般认为，动词句型繁复，所以应该多设立几层做动词短语（VP）的模块：VP1，VP2，VP3，等等。按照传统的乔姆斯基的句法思路，主谓关系必须建立在 VP 谓语的基础之上。因此，主谓模块置于 VP 模块之后比较合理。但实际的情形远比这个预设复杂，而且不同语言反例的比重也不同。好在多层系统的灵活性就在于总体的语言学模块架构并不阻止对具体现象的灵活安排。完全可以在 VP 模块前放置一层小规模主谓规则集，专门针对一些特别的主谓现象，譬如中文句法中著名的主谓谓语句，俗称"大小主语"句式。例如，"他身体蛮好"中的主谓结构"身体—蛮好"应该尽早在浅层解析结合，形成一个类似 AP 谓语的结构以后，等深层解析的主谓模块再把（大）主语"他"连上。

郭：好，很清楚了。这一讲对于短语结构文法和依存文法的分析方法做了对比解说，强调了我们采取的是依存文法表示。这是因为逻辑语义为主体的深层解析结果，超出了短语结构树的表达能力。还介绍了多层系统的模块化设计，有限状态规则的层级体系及其实例路演等。收获很大，谢谢李老师。

捌　有限状态的机制创新

郭：今天想进一步请教李老师，关于有限状态机制方面的研究，需要怎样的创新？首先，自然语言作为解析的对象，是如何进行符号匹配的？

李：对于文本，语言符号表现为字符和词，因此符号节点的条件描述也分成基于字符的约束与基于词的约束两类。与此对应，相关的模式匹配所处的解析层次也不同。前者大体属于词法，后者是句法。

理论上，词上面还有短语、单句等更大的对象。但是这些对象可以由中心词来代表，因此匹配的基点仍然是词节点。

字符基础上的正则表达式是底层的模式。计算机语言Java 的库里面就提供了这个工具（叫作 regex）。字符模式（character-based pattern）可以用来做词法解析，譬如根据词尾直接量和词干类型的特征来做形态分析，解析名词动词的形态特征，包括动词时态、语态、语气，名词的性、数、格，等等。如，singular（单数），feminine（阴性），dative（与格），perfect（完成体），infinitive（不定式）。前缀后缀的派生词分析（如，trainer，trainee），也可以用到字符为基础的正则表达式（伪码）：

［string＋'er'：entity，active］

［string＋'ee'：entity，passive］

再往上一层，就把字符上升到词了。当然，这一步的机制提升有个前提，就是输入文句已经做了分词了，模式规则面对的是以词典词为基本单位的数据结构。借助分词与词典查询相结合，解析器开始把输入的字符串改造成以词典词为符号节点主体的数据结构，作为各解析模块的共同对象。这种词节点序列是句法解析的起点。每个词节点里面携带了从词典查询或形态分析得来的各种特征。

以词为基础的有限状态模式（finite-state pattern）是产生式规则的条件部分。产生式的结论部分规定了与匹配词相关的操作，模式匹配专家常把它叫作"副作用"。根据自然语言解析的需求，我们也需要对机制进行一系列的增强和拓展。

郭：您讲的产生式，条件部分就是一个正则表达式的延伸形式。所谓副作用，我的理解就是结论，主要是构建语言对象的结构，是这样吗？

李：是的。结论部分的主体工作就是结构化，形象地说法，就是给句子建树画图。实现的时候表现在对数据结构的各种信息更新，比如说给两个词节点建立二元依存链接，确定短语的边界和中心词等。

每一个模块之所以存在，就是要产生一些中间结果，反映在数据结构的更新上。这样一步一步地进行下去，信息逐渐丰富起来，从中间结果走到最终结果。文句数据结构的核心是这样一个依存图：连接节点的是逻辑语义关系，节点的词义也明确了。也就是说，结构歧义和词义歧义都已经消除。这是它最终的逻辑形式，反映了对语句的理解。

郭：规则结论具体包括哪些动作呢？

李:进一步细看的话,大体有这么几个动作。

第一类动作关涉短语结构组块(phrase chunking),相当于建立一个短语子图,属于浅层解析,具体操作包括:

(1)短语内结构:确立短语中心词(父节点),建立短语内部的依存关系;

(2)短语边界:标记短语左右边界(严格说只是短语结构表示的需要,与依存文法的表示无关,属于操作可选项);

(3)短语特征:包括层次(词,词组,短语,从句)与类别(NP,VG,AP,VP,CL等)。

第二类动作是在短语和短语之间建立二元依存关系,确定其句法角色和逻辑语义角色,(逻辑)主语、宾语、定语、状语这些东西。这属于深层解析。

第三类动作是特征更新,给词节点添加、删除特征。

第四类动作是直接量更新。语言单位的起点就是词典词节点,里面有查完词典后的单词直接量。原词直接量原则上保持不变,便于追踪、维护和展示。但数据结构里面可以设置两个新域,用来放置直接量的更新。一个是词干域(STEM),可以存贮形态解析以后的词干形式;另一个是词义直接量域(SENSE),存贮词义消歧的结果,譬如,SENSE(bank1)是表示"银行"的词义,SENSE(bank2)是表示"河岸"的词义。这里面的技术细节就不谈了,都是系统内部数据结构的具体定义和存取的协调。

第五类动作关涉结构再造的休眠唤醒。关于"休眠唤醒",我们找时间专门细谈(见"拾 歧义包容与休眠唤醒")。总之系统需要定义一系列配合实现休眠唤醒机制的动作,以便局部再造新的结构。这主要包括结构图中的剪枝工作,删除或取代已有的链接。

郭:我的理解,线性模式规则本质上就是一个旨在匹配 N 元组的正则表达式。这种模式匹配直观简单,但受限于 N 元的有限窗口。您能不能讲解一下多层解析系统是怎样利用这样简单的模式,实现复杂语言现象解析的呢?特别是有限的 N 元又如何来应对语言中的远距离现象呢?

李:这个问题非常好。有限状态的 N 元组如何应对远距离现象呢?在自底而上的多层有限状态的解析器里,奇迹的发生源于一个叫作"动态 N 元组(dynamic N-gram)"的架构思想。

多层系统中,全句的完整结构图不是在一层建成的。例如,"那个/男孩/爱上/了/这个/女孩"分词后是六个词。如图 8—1 所示,在浅层解析把限定语与名词中心词结合为 NP 以及把动词与时体助词结合为 VG 以后,数据结构动态更新,六元组演变成了三元组。中间结果成为线性符号下辖子树的混合状态。

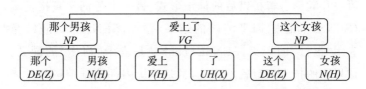

图 8—1　动态 N 元组示例

暴露在顶部的线性序列,就是"动态 N 元组",它是当前模块匹配的对象。线性模式只看得见最上层的符号节点序列，NP VG NP 的动态三元组：---O---O---O---。这些节点下面的"子子孙孙"在模式匹配时消失了。常规来说，这是预期中的效果。自下而上的层层解析，说到底就是短语结构的归约。归约的中间结果化为一个个短语结构的符号节点。这样层层归约，从词组、基本短语、更大的短语，一直到单句、复句，最上层的符号节点数越来越少。最终，动态 N 元组的演化历史就自然形成了一棵典型的短语结构树（图 8—2）。

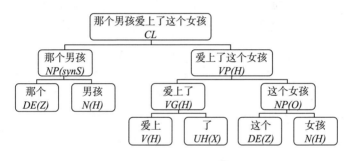

图 8—2　短语结构树

短语结构文法把短语归约的节点叫作非终结节点，然后在树结构上，用一个链接（H）指向短语的头词，以便实行头词特征原则，就是让短语节点在动态 N 元组模式匹配的时候，继承头词的特征。依存文法的表示有所不同，它更加简洁，直接把代表短语的头词提升为父节点，统辖短语内部的其他成分。在去除非终结节点的同时，依存结构无需特别链接，天然实现了头词特征原则。

"断层扫描"来看自底而上多层解析的动态 N 元组的头

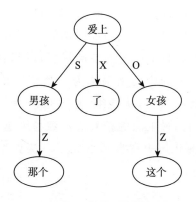

图 8—3　依存关系图

词序列,语言单位距离越来越近,N 越来越小。归约到一元组的时候,通常只剩下谓语动词作为全句的代表了。

①输入:"那个男孩爱上了这个女孩"

②分词(六元组):那个/男孩/爱上/了/这个/女孩

③VG(五元组):[那个][男孩]VG[爱上][这个][女孩]

④NP(三元组):NP[男孩] VG[爱上] NP[女孩]

⑤VP(二元组):NP[男孩] VP[爱上]

⑥CL(一元组):CL[爱上]

第②层分词后的节点序列是六元组,到了 VG 层归约成了五元组,动词词组把"了"给吃掉了。到 NP 层,限定语(Z)"这个"和"那个"被名词短语吃掉了,成为三元组。再往下到 VP 层,宾语被动词短语吃掉了,成为二元组。最后是 CL 层,把主语吃掉,只剩下一元组了,句法解析完成。

一层层大大小小的短语组块工作是浅层解析的主要任

务,其实际作用是为了把句法核心成分之间的距离拉近。短语中心词拉近距离,就可以让 N 元组这样的模式推展到不仅仅是物理上的紧邻。句法模式匹配的抽象能力和泛化能力增强了。譬如,"爱上/了/这个/女孩"里面,"爱上"到"女孩"本来需要一个四元组的窗口,才能够得着。到了 VP 层,两个节点就挨着了,成为二元组。这就是分层解析给有限状态带来的好处。最终,天涯若比邻,远距离关系也可以拉近到一起。

再举一例,"那个男孩从图书馆借来一大摞书"。浅层解析后线性与子图杂交的中间结果,呈现短语结构符号序列的四元组:NP PP V NP,如图 8—4 所示。

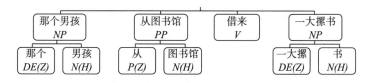

图8—4　浅层解析 N 元组示例

浅层解析的名词短语(NP)的中心词(H)"男孩""书"把限定语(Z)"那个""一大摞"吃掉了。同理,介词短语(PP)也吃掉了介词"从"。V 和其后的 NP 于是成了"二元组"邻居。这正是我们想要的效果——是浅层解析短语结构缩短了句子成分之间的距离,使得浅层解析为深层解析提供了必要的结构支持。在浅层解析的基础上,下面是深层解析的模式规则伪码:

①动宾二元组模式:[V:VP] [NP:<O,1>]

②状语二元组模式：[PP:<R,2>] [VP]

③主谓二元组模式：[NP:<synS,2>] [VP:CL]

第①条动宾规则匹配上 V 与 NP，形成 VP，四元组于是变成了三元组：NP PP VP（图 8—5）。

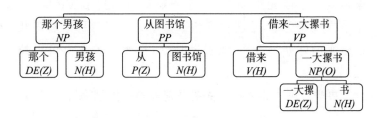

图 8—5　三元组归约

接下来，第②条规则让 PP 做了 VP 的状语（R），三元组进一步归约成了二元组：NP VP（图 8—6）。

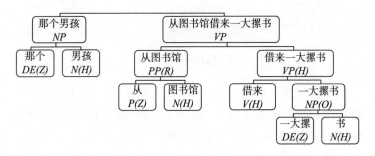

图 8—6　二元组归约

NP VP 序列再馈送给下一层的第③条主谓规则，NP 成为 VP 的句法主语（synS），最终形成了"单元组"（图 8—7），完成单句（CL）解析。

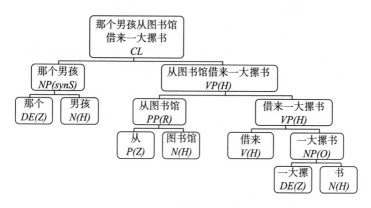

图 8—7　单元组归约

这一归约过程展示了动态 N 元组的短语结构概念。在多层结构解析的系统中,复杂的解析层层简化,远距离逐步拉近为近邻。

理论上,作为中心词,父节点已经代表了整个短语,下一层的解析原则上只需规定中心词的符号条件,无须深入短语内部查询其他的约束。但捕捉复杂的自然语言现象有时需要一些额外助力:让动态 N 元组规则也可以查询中心词以外的短语内部的约束条件,就是这样一个机制要求。

郭:那就是说,除了水平的符号顺序以外,还要能够纵向来匹配子树结构。是吗?

李:是的。创新的有限状态机制,应该允许结合线性模式和子图模式,实现水平和垂直同时查询条件。这是专门为自然语言设计的非常灵活的有限状态机制。

数据结构是动态更新和逐步结构化的。这就创造了一个

"杂交"的环境。换句话说,解析中的数据结构本身就处于半线性半子图的表示。有些结构子图建立了,但全局的结构还没有完成。譬如,浅层解析完成的时候,基本名词短语(NP)、形容词短语(AP)和动词词组(VG)都已经组块了,建立了各自的结构,但整个句子还是线性的表达。这时候,线性模式可以与子图模式嫁接,支持节点查问其纵向的子图条件。

郭:第一次听说有限状态模式的嫁接,能进一步说说这种机制创新的必要性吗?

李:"模式嫁接(hybrid pattern)"是多层有限状态机制的创新,对于精细刻画自然语言很有意义。这种灵活的机制增强了规则捕捉数据的表现力。

线性模式与子图模式好像是针对完全不同的对象:一个期待的输入是线性符号节点,另一个是符号节点图。线性模式条件中的符号次序是从左到右,一个符号接着一个符号。子图模式保留了有限状态的特性,但是摆脱了线性模式的顺序。符号节点之间的联系,从物理顺序上升到长幼有序的依存关系。

如果要精细解析语言,仅仅问名词短语或者介词短语,有时候不够用。可能还需要问非中心词的相关信息。这时候怎么问呢?把子图模式和线性模式结合起来查询就解决了这个问题。匹配非中心词节点变成了沿父子路径匹配其子节点。这种结合实际上是对上下文约束的一种拓展。

层层解析的多层系统为模式嫁接提供了必要的背景和条件。有了线性模式的机制,也有了子图模式的机制,进一步支持两种模式的嫁接便是自然而言的机制创新要求。多层系统的数据结构自然形成了混合式的中间结构表示。嫁接模式用来匹配混合式中间结构，顺理成章。它会给多层解析提供更灵活的条件约束，更多的技术手段。

咱们举例说明嫁接模式的运行方式。介词短语（PP）是一个常见的现象，它是由介词 P 加 NP 组成的。文献中很多争论，到底应该让介词做 PP 的中心词，还是让名词做中心词呢？介词和名词都很重要，前者是非常重要的小词形式，后者是实体的核心。可以说，介词是句法的中心词，名词是语义的中心词。在 PP 这儿，两个角度的中心词不巧分离了，但结构表示上必须确定一个中心词作为 PP 的代表，不同的理论或模型可以做不同的选择。不管决定让名词还是介词做代表，我们都面对同样的问题：在规则中查问介词短语条件的时候，常常需要既查介词，也查名词。

在很多语言规则中，问一个介词短语，不仅仅要问是什么介词（直接量），往往还要问名词中心词是什么，或属于哪一类的概念特征。例如，在"key to NP"的现象中，为了给多义词 key 消歧，区别"钥匙"和"答案"，首先要确定它后面的介词短语中的介词是 to，然后要查问名词条件。如果名词是 exercise，就是"key1（答案）"。如果名词是 door 或 lock，那么它就是"key2（钥匙）"，是锁的钥匙，门的钥匙。在下列伪码中，假设系统把名词处理成 PP 的中心词，子图查询 2.Z 指的是 2 号词 PP 通向其介词子节点的路径 Z，去查找介词"to"。

> ["key"：Sense("key2")]
>> [PP "door|lock"：<M,1>]
>>> 2.Z["to"]

这里的"子图匹配(subgraph matching)"是从 2 号词 PP 入口,查询其中心词是不是"door|lock",然后查其小词链接(Z)是"to"。如果成功,词义消歧成为"key2(钥匙)";同时,PP 做 1 号词"key"的定语(M)。这是在句法解析过程中同时做词义消歧,用到线性模式与子图模式的协同匹配。

顺便提一句,有理论反对进入短语结构内部的查询,句法学家为此提出过一个"岛屿限制"的原则。这个原则的意思就是短语一旦形成,就对外部形成了一个黑箱子,不再接受内部调查。这种人为的理论限制在自然语言实践中,有害无益。不少语言现象的捕捉和精细处理,会受益于短语结构内部的某种条件约束。

当然,就此例而言,也可以把词义消歧与句法解析(PP 做后置定语 M)分开,把词义消歧留到句法结构图建立以后的语义或语用模块,用纯粹的子图模式实现。例如,英汉机器翻译的词义翻译,是可以在转换模块用子图模式规则实现的。

["key":Sense("钥匙")]

    1.M[PP "door|lock"]

      2.Z["to"]

子图模式是语义模块、语用模块的主要数据形式。它的输入是图,输出也是图,是数据结构里蕴含的更新了的图。

郭:好的,您刚才讲的这个分层主要还是从语言学的角度,按照不同的结构复杂度来来往上组建。我上次听您说过一个实用的高精度的句法解析器,大概要上万条产生式规则。这样的规模算下来,比如说大约是分成 50 层,那每一层还有差不多平均起来几百上千的规则。这么多同层的规则,一般来讲还要有一个控制机制吧,谁先用谁后用呢?

李:这是一个非常重要的问题,有关规则竞争及其优先级的设计。在设计一个多层规则系统的时候,从机制的角度看,优先级是关键。其实,多层架构的提出除了软件模块化的一般原则外,主要动机就是以分层作为把控优先级的手段。

在规则系统的历史上,有过深刻的教训。规则不分粗细全搅在一起,结果就是一个非常庞大的网状系统,牵一发动全身,最后就失控了。失控到什么程度? 系统发展到几千上万条规则的时候,就很难再维护下去,成了一个死的系统。不敢碰它,因为改动造成的问题往往比解决的问题更多。系统越来越难取得更好的质量,也难以做领域化的调适。

为了对付这个,我们刚才已经讲到,模块化分层是一个有效对策。5万条规则分在50或100层,每一层相对来说规则数就少了。如果说早期分层更多为了"砌墙",遵循结构嵌套的设计,后期再分层主要就是"铺路"了,为的是化大为小,便于维护。

当然,仅仅这样分层可能还不足以掌控非常庞大的规则集。关键是要区分共性与个性。无论子任务或者"子子任务",每一层的任务都可以分成至少两个子层次:一个是词典规则,处理个性例外现象;一个是一般规则,处理共性兜底现象。这样一来,等于把任一规则模块都一分为二了,把特征驱动(feature-driven)的共性与词驱动的个性分开,让个性规则永远作为共性规则的例外,以此构筑规则的层级体系。以动宾模块为例,个性优先于共性的规则层级体系及其适用例句示意如下,其中强搭配的两端都是直接量("犯……错误"),词驱动规则一端是直接量"make（挣）"，另一段是特征"money（金钱）"，最后的特征规则动宾两端都是特征：

①强搭配规则：["make"：VP] ["mistake"：<O,1>]

He made three mistakes.

②词驱动规则：["make"：VP] [money：<O,1>]

He made only a few bucks.

③特征规则：[V：VP] [NP：<O,1>]

He made three toys.

层级体系为例外堵截创造了条件。例外堵截的主旨是就地解决问题。就地解决问题需要一个合适的平台架构。从设计上讲，例外堵截的做法是，每一个模块，每一个任务，架构上都可以形成一个类似动宾规则例示的从个性到共性的层级体系。实现的时候，每个模块至少细分为两个子模块，一个是词驱动（包括强搭配），一个是特征驱动。通常是特征驱动的模块先建立起来，作为兜底尽可能扩大捕捉的范围，让问题暴露到开发者的雷达上。遇到错误，普遍性现象的排错通常在特征规则模块的内部打磨，调整条件的宽紧度。如果错误是个性的，就当成例外交由词驱动子模块解决。

随着开发和维护的进程，规则会越来越多，但它实际发展的趋向应该是词典规则的扩张。以特征条件为基础的一般规则，不会无限膨胀。这个道理也很简单，兜底的规则不在量多，而在其泛化能力。共性规则从来就不是以精度作为主要目标，精度主要靠个性规则来保障。

郭：每一层规则模块一律一分为二，规则的形式有区别吗？

李：没有区别。词典规则也是同样的有限状态机制，是一体化的形式系统。这符合词典主义的一般趋向，所谓规则词典化，或词典规则化。所不同的是在执行层面，词典规则因为有驱动词，可以建立规则调用的驱动词索引，来保障运行效率。词典规则的扩张原则上不影响解析速度。

这样，很多难缠的语法问题化解成词典的问题，词典规则可以实施细线条个性调控，这比在特征的泛化基础上对规则掌控要容易很多。随着资源投入，尤其是错误驱动的数据打磨，共性规则趋于稳定，而规则词典则会越来越大。这是规则系统健康发展的状态，是系统质量增量提升的保证。

词典规则的特点是，精确度高，副作用小。具体来说，词典规则以词为驱动，这词不出现，它根本就不会有任何副作用。从维护上看，在同一个驱动词下面，为了同一层的任务，其词典规则数量总是有限的。比如，如果某层的词典规则1000条，分列在100个词条下，平均每个驱动词下只有10条规则，维护起来不是负担。

回头来看特征匹配的共性规则模块。它影响虽大，但基本上集中在一个相对来说规则量非常有限的模块里面。每一层基于特征的规则达到三四十条，就算相当多了。专家在编写和维护几十条规则的时候，不太容易出现按下葫芦又起瓢的问题。当然，我们还有其他的优先机制，帮助对规则集做进一步的调控。

郭：看来分层是最大的优先级，等于是给整个系统的规则按照模块先后分了优先级别。模块内部再分层，词典规则子模块先于特征驱动规则，以此堵截例外现象，是典型的个性优先于共性的实现手段。您能够进一步谈谈其他的优先机制吗？

李：同一个规则集内部，规则之间也需要优先级机制帮助管控和维护。如果同一个输入匹配上多条规则，需要优先级机制决定如何胜出，这样才能保障确定性的输出数据流。

无论是词条驱动的词典规则，还是特征基础上的共性规则集，都可能在某一层逐渐积聚到一定的数量，比如30条、50条，这里面就有一个规则竞争的问题。这些规则之间到底是个什么关系？系统是怎么操作的？它随机匹配，还是地毯式匹配，凡匹配上都算？这些是在机制设置上需要考量的问题。我们需要确立优先级原则，让语言学家、知识工程师（knowledge engineer）和领域专家知道这些原则是如何作用的。这样他们才可能有效地进行规则的编写、调控和维护工作。

简单来说有这么几个原则，一个原则就是著名的最长匹配原则。就是说如果在同一层、同一个规则集里面，一条规则的长度比另外一条规则长的话，那么短的规则就让位给长的规则。

郭：您说的这个长和短是指它覆盖一个文本句子的长度，对吗？

李：对，是根据规则模式匹配符号串的跨度。如果规则模式匹配的子串是abc，另外一条规则匹配子串ab，那么abc规则胜出，那个ab没办法跟它抗衡。你可以问既然ab没有机会去赢，为什么要把ab规则放在这个规则集呢？道理很简单，因为如果它后面的符号不是c，那么ab就可以匹配了。

另一个线性模式匹配需要确立的优先级与模式匹配的扫

描方向有关。我们知道任何一个线性模式匹配的有限状态表达式,不外乎是符号加上次序的结果,那么你说 bcd 这条规则到底怎么匹配？匹配取词是从左向右扫描,还是从右向左？譬如:

输入:abcdef

规则 1:bcd

规则 2:cde

左右匹配结果:a<bcd>ef

右左匹配结果:ab<cde>f

习惯上,从左向右扫描来匹配模式符合自然顺序,因此在最大匹配原则之上,默认一个左右扫描原则。值得注意的是,左右原则优先于最大匹配原则。如果规则模式的左起点不同,最大匹配原则不能适用。例如,如果有两条规则 ab 和 bcd,输入串是 abcd,则 ab 赢。尽管 bcd 模式的匹配跨度更长,但在左右扫描方式中,bcd 没有机会。

作为机制设计,一个更灵活的方案是把模式匹配的文句扫描方向设置为一个可调参数,不要把这个优先原则固定死。这样就可以由模块设计者根据任务的性质来决定线性模式的扫描方向。按照语言习惯,说话从前到后,写字从左到右。然而,除去必须实时非延误语言处理的场景(譬如同声传译)以外,多数系统处理的对象,可以预设为一个相对完整的语句或片段。这时候,模式从右向左扫描可以成为一个有潜在竞争力的匹配选项。

举例来说,对于英语的动词短语(VP)句型的规则集,如果采用“非自然”的从右向左扫描的设置,会更有效率。道理就是,英语 VP 嵌套属于右递归,右递归的特点是右边界相同,左边界不同,用括号表示是这样的:(…(…(…)))。扫描配置为自右向左前行,就可以一竿子伸到最内层的 VP 结构,内层结构匹配归约后再层层左行,就可以在一次遍历中把不设限的右递归,全部解决。这是有限状态可以应对无限右递归的一项技术。如下例所示,VNPTO 是英语动词子范畴特征,预示动词短语结构要求一个 NP 宾语(O)和一个不定式(infinitive)做补足语(C)。这一条 VP 规则在从右向左扫描的配置下,可以解决相关动词(ask,beg)的右递归嵌套问题。

输入:He asked me to beg you to come.

VG 伪码:["to"] [V:VG, infinitive]

He asked me VG(to beg) you VG(to come)

VP 伪码:[VNPTO:VP] [NP:<O,1>] [infinitive:<C,1>]

He asked me VP(VG(to beg) you VG(to come))

He VP(asked me VP(VG(to beg) you VG(to come)))

郭:原来对付右递归可以这么简单啊,只要改变扫描匹配的方向就可以搞定英语 VP 的任意层嵌套。这是讲的线性模式的扫描方向及其对优先级的影响。到了子图模式,根本就没有左右了,那么靠什么原则来决定规则的优先级呢?

李:子图模式中,第一个问题就是最长匹配原则在子图匹配上有没有对应的规定?

线性模式的最长匹配标准,在子图模式规则中表现为匹配中有共同重合节点的子图大小了。如果一条规则所匹配的子图,全部包括在另一条规则所匹配的子图内,而且后者还多出新的节点来,"最大匹配"要求把优先权给后者。从集合论的角度看,小子图就是大子图的"真子集(proper subset)"。看看下面两条子图模式规则,它们是词驱动的"情感抽取(sentiment extraction)"规则。

　　["喜欢|爱|稀罕|赞扬|赞佩|点赞"]
　　　　1.O[NP:PositiveEmotion]
　　["喜欢|爱|稀罕|赞扬|赞佩|点赞"]
　　　　1.O[NP:PositiveEmotion]
　　　　1.C[AP:Reason]

第一条匹配驱动词的动宾链接(1.O 找一号词的宾语),涉及两个节点。第二条匹配动词的宾语链接外,还要求匹配其形容词补足语(1.C),涉及三个节点。第二个子图显然大于第一个子图。语言解析和情感抽取的过程是这样的。

原句输入:我喜欢小米手机便宜实惠

解析结果(见图8—8,作为情感抽取的结构支持):

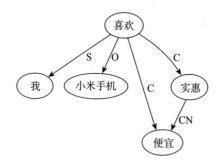

图8—8　解析图

情感抽取:小米手机(PositiveEmotion)

151

便宜（Reason）

实惠（Reason）

输入文句是"我喜欢小米手机便宜实惠"，系统解析结果是依存关系图，并列（CN）的两个形容词"便宜"和"实惠"，逻辑语义上分别链接为"喜欢"的补足语（C）。第一条和第二条抽取规则均符合子图匹配条件，但根据"最大子图匹配（maximum subgraph matching）"原则，第二条规则胜出，结果表现在除了标注对象"小米手机"的正面情绪（PositiveEmotion）外，还抽取到客户点赞的理由（Reason）："便宜""实惠"。

顺便提一下，自动抽取点赞或吐槽理由的能力是细线条"情感分析（sentiment analysis）"的关键，具有广泛的应用价值。这类情报可以回答情感背后的为什么，对于企业了解客户情报，帮助决策产品改进方向，意义重大。上面的过程显示，语言解析可以赋能语用阶段的细线条情感分析。

可见，一个大的子图把一个小的子图覆盖了，那个小的子图就没有机会了。其实，正因为系统实施最大子图匹配原则，上述两条规则可以改写为一条，让第二个补足语链接（C）成为子图模式的可选项（问号表示可有可无的节点）：

["喜欢|爱|稀罕|赞扬|赞佩|点赞"]

1.O[NP:PositiveEmotion]

1.C[AP:Reason]?

在其他情况下，比如说两个子图有交叉，这时候谁赢呢？这有点类似于线性模式从左到右和从右到左扫描方式的冲突。子图模式交叉的时候如何决定优先级呢？

子图模式匹配的优先级问题是一个较新的研究课题，对它的认识还不够成熟，还有很大的探索空间。既然如此，从机制上来说，还是设计成灵活的配置把控比较好。一个方案是把线性模式的参数配置延伸到子图模式。具体配置参数的设置可以分为三种。

第一种设置是不分优先，最大子图匹配原则之外的所有子图规则全部胜出，包括多条交叉规则同时匹配的情况。这与线性模式非常不同，线性模式为了防止矛盾不允许交叉，左右扫描一旦设定，就排除了可能产生交叉匹配的右左扫描。理论上讲，子图模式允许交叉匹配也可能陷入逻辑上的矛盾。矛盾会不会显现要看子图规则在各自更新数据结构的动作过程中会不会撞车。我们的语用实践表明，在子图模式的阶段，撞车的可能很小，带来的好处远大于潜在的矛盾。所以，这个设置似乎是值得推荐的。

第二种设置是回归到线性控制，可以人为设置成左右胜（或右左胜）。图结构不是只有关系，不分左右前后了吗？其实不是，前后左右的信息都在，不过在图中隐藏起来而已。逻辑形式理论上已经从顺序中升华，因为概念世界的思维是不受物理世界束缚的。然而，依存关系图的所有节点都来自语词，而每个词在数据结构中都有在原句位置的历史记录。因此，从逻辑子图回归到线性信息，拿它作为条件限制匹配，技术实现上完全没有问题。这种做法也有个潜在的矛盾——子图规则通常是按照关系条件匹配的，优先机制却回归到线性的左右次序，容易让人迷惑。

如果坚持主张一组子图规则不允许多模式胜出，第三种设置也可以尝试下述交叉胜出原则：当子图交叉出现的时候，具有更多节点的子图胜出。这些方案在实践中的优劣，还有待更多的研究探索。

郭：好，李老师。您把分层的技巧和优先级的控制都解释得很清楚了。我在看您的 NLP 频道博客的时候，看到您多次强调说此有限状态非彼有限状态。其实您这个有限状态机制是比传统的 CFG 似乎有更广的包容性，能解决上下文有关的一些问题。您能大概说一说是怎么把上下文相关性引入的呢？

李：这是一个非常有意思，也有一定理论意义的话题。这就回到了我们以前谈到的乔姆斯基批判了。

有限状态是一个简单直接而又有效的机制，有很大的活力。自然语言处理实践中，无论符号系统还是随机统计模型，大多建立在 N 元组有限状态之上。对这个机制做一定的延伸，为的是使它更适合自然语言处理。

如果把乔姆斯基定义的那个形式语言层级体系比作"乔家大院"，大院里面有四层围墙，每一层对应一个文法。用这些形式化文法为自然语言建模，有过很多探索。结果发现，不是太宽太松就是削足适履，总有不合体的感觉。真实的自然语言，长得不是这个样子的。于是，我们提出要穿越乔家大院的围墙，对形式文法予以改造。可以仍然用乔家大院的总体框架，沿着这个形式化的思路，但是不必拘泥于每一层形式文法的传统定义。创新的结果就是我们现在提出的这个多层的改进版有限状态架构和机制。它是对传统有限状态的延伸，可望打造出更适合自然语言的机制。

第一个延伸，是在有限状态模式里，增加前后条件，使得线性模式的约束条件可以充分利用词和词序这两大要素,在两个要素之间以及条件宽松上相互补充和平衡。

郭:这两点本来就是线性模式的基础要素,为什么还要特地分出前条件和后条件呢? 二者的补充和平衡怎么讲?

李:这样吧,咱们先看一对例句,然后从例句出发,解说这个延伸的必要和创新之处。

①我是县长

②我是县长派来的

第②句是传统段子了,说话人故意在"县长"与"派来"之间停顿一下:"我是县长……派来的",造成前半句已经完整的假象。这个例子表明,没有后条件约束的话,子串"我是县长"独立成句,是典型的主谓宾单句。这两句在传统有限状态模式规则里面,没有办法区分出不同的句法结构来。设想第一个版本关涉"是"动词的动宾和主谓两层的模式规则如下:

动宾层规则:["是":VP] [N|PRP:<O,1>]

主谓层规则:[N|PRP:<synS,2>] [VP:CL]

两层规则依序运行的结果如下:

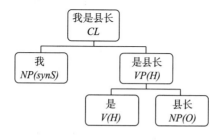

图 8—9　两层规则运行结果示例

155

为了在短语结构解析中做出区分，我们需要阻止动宾层规则匹配上例句②，怎么办？可以利用后条件：

动宾层规则（增强版）：{[是：VP] [N|PRP：＜O，1＞]} [!V]

在这个扩展的有限状态形式语言中，规则模式可以在短语结构前后加额外的符号作为条件。形式语言用大括号{…}表示短语结构的左右边界，左括号前面是前条件约束（如果需要），右括号后面是后条件约束（如果需要）。在上例中，后条件是查询后一词不是动词 V，这就排除了"派来"那句匹配的可能。

这个新机制不仅仅匹配要查的对象，比如说名词短语动词短语等，还可以查这个对象的前后条件，特别是后条件。后条件实际上就是"往前看（look ahead）"一步或几步。值得注意的是，前后条件只是作为一个条件，它不影响短语本身的完整性。换句话说，条件上是多问了一步，但短语操作对象不变。这意味着，当该规则匹配成功以后，下一轮模式匹配的起始点规定在刚匹配上的短语结构的后面，即，后条件中的第一个词是新一轮匹配的起点，而不是把后条件的后一词作为起始点。这样，无论查询几个词的后条件，作为后条件的词不会被下一轮模式匹配漏掉。毕竟后条件的设计，仅仅是把上下文因素当作约束条件代入，而不是要排除上下文作为独立的操作对象，这样才能保证匹配扫描可以遍历整个文句。

另一个需要注意的是这个机制与最长匹配原则的关系。前后条件是可选项，一组规则中有的加了前后条件约束，有的不加，还有的开始没加，后来看到数据中的例外决定加上前后条件。这就使得规则模式的总长度不恒定，往往处于变动之

156

中。为了消除这种变化给短语结构模式匹配带来的不确定性,需要做两件事。一是重新定义最长匹配原则的实现方案。引入前后条件后,最长匹配所依据的长度不应计入前后条件的词,长度的优先级竞争只发生在大括号内的短语结构的长度上。第二件事是,对于默认的从左到右的模式扫描,前条件长度的改变直接影响到每一轮模式匹配的起始点的确定,从而影响匹配的结果。为了解决这个问题,一个可行的办法是做如下规定:在自左向右扫描匹配时,前条件永远是一个词,但后条件可以是 n 个词(n>=0)。永远是一个词的前条件,把同一层规则的模式起点划一了,增加了模式匹配的透明性和可理解性,对于系统维护有利。一个规则没有前条件约束,等价于前条件是个可以匹配任何词节点的永真(always true)条件。

上述创新设计的前后条件机制,极大增强了有限状态模式的灵活性和表达力。编写模式规则,主要工作就是要规定模式条件的宽松。捕捉短语结构的模式条件可以查问什么样的词、怎样的词序、词有什么特征约束,等等。现在把前后条件也加上了,这等于是在已有模式的条件掌控中,又增加了一个上下文因素的约束。短语前后的条件拿捏是个非常方便、直观和好用的手段,它使得自然语言区分歧义的能力大为增强,一定程度上突破了局部上下文的限制。短语结构内的约束与上下文条件的约束配合使用,捕捉语言现象更加方便。上下文条件收紧的时候,短语本身的条件可以适度放宽,反之亦然。

郭:看来,这是对传统的有限状态的一个很有价值的突破。这样的话,"我是县长派来的"就可以较好地解析出来了,是不是?

李:是的。作为样例,我们可以把这个解析过程展示如下。

输入:我是县长派来的

相关句法解析线性模式规则伪码:

[!P]｛[N|PRP:<synS,2>][V:CL]｝[!N]

｛["是":<X,2>][V:affirmative][的:<X,2>]｝[!N]

｛[N beginS:<Topic,2>][CL]｝

第一条规则匹配子串"县长派来"。

这条规则在较浅的层次为中文的"主谓谓语句"建立局部的主谓结构。其前条件约束是非介词(!P),后条件是非名词(!N)。第二条规则匹配中文常见的肯定语气(affirmative)表达法:"是……的",问到的后条件是非名词(!N)。第三条规则把句首的名词解析为全句的主题(Topic),这是中文语法学界对于已有主谓结构的句式中的句首名词的常见解析,前条件自然需要规定处于句首位置(beginS)。三层规则依次匹配,句法解析结果构建了下列短语结构句法树:

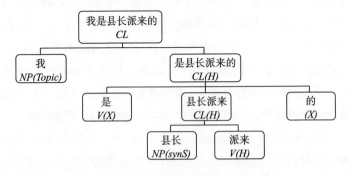

图 8—10 短语结构句法树

以上是中文句法,它为下面的语义模块的图匹配提供了结构条件。语义模块的深层解析会进一步解构句法背后的逻辑语义,利用的是子图模式,其规则伪码是:

①[affirmative !passive]

      1.synS[N:<S,1>]

②[transitive !hasO]

      1.Topic[N:<O,1>]

第一条子图规则很简单,就是在非被动的肯定句式中把句法主语(synS)映射为逻辑主语(S)。第二条子图规则把句法主题(Topic)改造成逻辑宾语(O),问的条件是子范畴及物动词特征(transitive),并且该及物动词尚没有找到自身的宾语(! hasO)。逻辑语义深层解析的结构图如下:

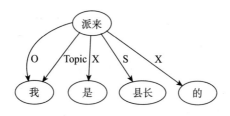

图8—11 深层解析结构图

郭:除了前后条件的机制创新外,还有什么其他的形式手段拓展了有限状态对自然语言建模的表达能力?

李:值得一提的是重叠现象以及为捕捉重叠现象所提出的解决方案。重叠是直接量的重复,属于显性形式,是中文中常用的语言手段。没有应对重叠现象的能力,是很难处理好中文的。

先举例子,重叠式"健健康康"。"健康"当然是词典里面一个词,如果词典里面没有收"健健康康",那就需要一个机制来识别它。这是查词典为基础的传统分词模块的一个痛点,其分词结果是一分为三:健/健康/康。

"健健康康"这种词还是比较容易识别的。这是汉语中有名的造词方法,叫重叠式造词,属于合成词词法的范畴。系统需要根据重叠类型来识别重叠式的边界及其原词,以便获得词典信息。

对于重叠式构词,有两个办法。一个是词典扩张,另一个是从机制上提供解决手段。先简单说说词典扩张的办法。扩张依据的是一组扩展规则,文献中称为"词扩展规则(lexical rules)",注意这与词驱动的规则不是一回事。在自然语言处理系统中,词扩展规则模块实际上是作为一个词典预处理的程序,从词典中的相关词条生成新的词条,然后把扩大了的词典提供系统使用。

这类词扩展规则是由词典特征驱动的。词扩展规则只有匹配上特别的词典特征,如 ab(可重叠的二字形容词),va(动补式合成词)等,才去执行词条扩张。扩张来的新词条,继承原词条的特征,词干域也赋值原词条,说明新词条本质上不过是原词条的变体。"高高兴兴"的意思等价于"高兴",但 aabb 重叠还是多了一些附加的细微差别,更加形象化了,而且做状语的可能性增加了。"看一看"就是"看"的变体,细微差别在增加了动作的短暂性意味。保留这些细微差别对于精细解析有益,因此,重叠扩张的方式,如 aabb(漂漂亮亮),vDEa(做得好),vBUa(做不好),vYIv(瞅一瞅),等等,应该作为特征赋值给新词条。扩张带来的其他特征，也由这些重叠特征引申而来，可以通过特征上下位链条表示。例如，"得"和"不"可以插在动补合成词中，如，"吃得饱""吃不饱""吃得饱不""吃得饱不饱"，可以表示"情态（modal）""疑问（question）""否定（negative）"等特征，相关的上下位特征链条就是：

vDEa ➝ can

vBUa ➝ can, negative

vDEaBU ➝ yesnoQuestion, can

vDEaBUa ➝ orQuestion, can

can ➝ modal

yesnoQuestion ➝ question

orQuestion ➝ question

词扩展规则：

A(ab) ➝ A(aabb):aabb

高兴 ➝ 高高兴兴

健康 ➝ 健健康康

词扩展规则：

A(va) ➝ A(v 得 a):vDEa

A(va) ➝ A(v 不 a):vBUa

A(va) ➝ A(v 得 a 不):vDEaBU

A(va) ➝ A(v 得 a 不 a):vDEaBUa

打碎 ➝ 打得碎

打碎 ➝ 打不碎

打碎 ➝ 打得碎不

打碎 ➝ 打得碎不碎

词扩展规则：

V(a) → V(aa):aa

V(a) → V(a — a):aYIa

看 → 看看

看 → 看一看

词典扩张是前处理。多层解析从分词和查词典开始，系统面对的已经是扩张了的词典了。

郭：这个词典扩张程序简单有效，也不难实现。有了这个技巧，还有机制上解决重叠问题的必要吗？

李：有必要。因为重叠作为显性形式和语言表达手段，不仅仅限于构词，句法中也常见。

下面这些例子，背后的重叠式模式其实不难总结，关键在这些重叠模式匹配的机制设计与实现。

"张三是张三，李四是李四。"

"友谊归友谊，算账归算账。"

模式：x 是|归 x，y 是|归 y

"走就走，谁稀罕你似的。"

"要我走就要我走，我早就不想待了。"

"瞎了眼就瞎了眼，反正是我倒霉，关你什么事！"

"有钱就有钱，反正我也高攀不上。"

"罚站两小时就罚站两小时，我扛得住。"

模式：v 就 v，(反正)……

与该句式呼应的小词有："反正、大不了、早就、不在乎、稀罕、最多、顶多"，或者出现表示能力的补语结构，例如，"扛得住、顶得住、受得了……"等。这种模式里面的动词重叠式很像让步状语。但通常的让步状语("即使……")和条件状语("倘若……"),多为虚拟,而这个状语却是针对已经发生的动作。一般是负面的行为,主旨是不畏惧,自己给自己打气。

无论何种解析合适,首先需要捕捉重叠式。为此,可以给有限状态机制引入一种"合一"的匹配操作,作为符号与符号之间约束条件。下列伪码用 ♯n 表示当前词与第 n 号词重叠的合一约束,后条件是标点符号(punctuation)。

模式:

{["爱" : VP] [N | V] [就]? ["♯2"]} [punctuation]

"<爱谁谁>。"

"<爱走走>,不留你。"

"<爱阴谋阴谋>,<爱阳谋阳谋>,谁怕谁?"

"<爱堕落堕落>,我爱莫能助。"

对于这种口语化的条件紧缩表达法,在合一模式匹配以后,如何恰当地表示其省略的成分及其逻辑语义,涉及系统内部的协调和约定,但这是另一个话题了。

再如疑问词的重叠句型,"谁 VP1 谁 VP2"这样的模式,对应于英语 whoever,或者"those who VP1 will VP2"("谁出问题谁擦屁股")。类似的句型还有"什么 AP 就 V 什么"("什么热就学什么");"什么 AP 什么就 VP"("什么热什么就招财")。类似的还有疑问词"哪个"和"怎么":

"哪个漂亮就找哪个。"

"哪个漂亮哪个就一路顺风。"

"哪个愚蠢哪个就完蛋。"

"怎么方便怎么来。"

汉语口语中，这些用到重叠手段的句式还有不少。这类现象模式清晰，只要提供直接量合一操作，特定层的 N 元组的短语结构匹配最为有效。

郭：李老师，您讲了线性模式与子图模式的嫁接，词典规则与共性规则的配合，以及短语结构级的动态 N 元组归约。我理解，这些都是对传统的文法规则的形式和能力的扩展。您还解释了在多层的系统中怎样分层，怎样做优先级的控制，以及您的一系列重要的机制拓展，特别是上下文相关方面，前条件、后条件，合一约束、重叠式。我很有收获，谢谢。

玖 错误放大与负负得正

郭：李老师，您前面提到过乔姆斯基的主张存在两个误区，递归误区和单层误区。针对两个误区，您提出了多层管式系统。请您再具体介绍一下，多层是什么意思？

李：就我们所说的多层解析器而言，多层也可以叫多平面。其目的是改变传统的解析路径全部在同一个平面的做法。

提出多层系统是为了克服乔姆斯基递归文法的单层解析局限。单层解析把所有可能的路径，集中在一个搜索空间地毯式铺开。对于自然语言这样复杂的对象，单层的做法有些伸展不开，既不能达到足够的解析深度，也不能带来线速的效率。螺蛳壳里做道场，眉毛胡子一把抓。单层好比把各种问题"一锅煮"，不利于复杂现象的模块化开发和维护。这些因素导致传统的文法解析局限于实验室，难以规模化，无法匹敌经验主义的统计系统。

在这样的反思背景下，我们主张用多层管式系统的架构来克服单层解析的局限。具体来说，就是以创新版的有限状态叠加来应对递归结构、远距离关系以及其他复杂的语言现象。

郭：这样的话，因为每一个模块都不可能做到完美，总会有错误。前面的一个错误，后面可能会错上加错，那么最后的系统就变得不可用。这个担心有道理吗？

李：这个担心是有道理的。实际上，这个所谓"错误放大"的问题在很多有关管式系统的文献中有讨论。

有些学者坚持对于可能有依赖的复杂现象，不能用多层的方法，必须要在一层内把问题同时解决。反对多层的主要理由就是错误放大。一个底层所犯的错误，在往下层层推演的过程当中，可能越走越偏。所谓差之毫厘，失之千里。

郭：这样看来，确实有错误放大的风险存在。这就是多层系统不容易推广的原因。我这样理解，对吗？

李：不能这么说吧。其实，多层系统还是很流行的。在实践当中，错误放大的情况并非都一样。有的严重，有的不严重，还有的是完全免疫。甚至错误缩小、"负负得正"的情形也是有的。并不是像反对者推断的那样，只能是沿着一条线一直偏下去。

我们要具体看待一个多层系统的接口设计，也要具体研究现象的特点，才能知道什么对象在什么样的管式系统中引起错误放大的后果，什么情况下其实并不陷入这个泥坑。需要讨论错误放大的条件以及应对的办法。

郭：多层系统中，有错误不放大的情况吗？

李：当然有，有很多。容错的开发后面再详说，我们先看无须容错，有哪些错误不放大的情况。一般而言，只要错误不被依赖，或后期对于错误不敏感，错误就不会放大。

在中文分析中，常有一种动词和形容词不太好分清的情况。比如说"惊奇"，有的系统可能标为动词，其他系统也可能输出形容词。那么在下一步句法解析中，它前面如果出现一个代词,在构建主谓关系时是不是一定会犯错呢?不是的,因为不管是形容词也好,动词也好,在跟前面代词结合的时候,它一定是主谓关系。汉语形容词可以直接做谓语,这与英语不同。英语形容词做谓语之前一定要加一个系动词去帮助它。中文主谓关系对于动词、形容词的区分无感,自然就没有错误放大的后果。

这个案例说明了什么?说明系统所依赖的条件是可以有一定的宽泛度的。只要数据接口并非线性单调,后面的模块不是必然会放大前期的错误。事实上,容错性模块的开发技巧之一也是适度放宽条件,使得模块变得鲁棒而又不大影响精准。

郭:我是这样理解的,不知道对不对?您是说有这么一种语言现象,它在前面一级的分析中,可能是分析得比较细致的类型。比如说形容词和动词,它们都属于一个更大的类,可以叫谓词。在后面一级的语言分析中,对于某一类语言现象,比如说主谓关系,只要是谓词就满足条件了。所以在这种情况下,前面的分析即使被认为出错了,到后面一级也不会产生影响?

李:对。错误放大的前提是后面模块对前面犯错误的信息点敏感。对错误不敏感,就不会放大。

再举一个信息抽取的例子。在自然语言处理中,我们可以利用结构解析的结果来帮助抽取信息。解析器与抽取模块同样构成一个管式系统。理论上,作为结构支持的解析错误,在抽取模块错误放大的话,会造成严重的抽取错误。

值得注意的是,解析的信息是跨领域的,需要对每一种语言现象条分缕析。而抽取所瞄准的通常是一种聚焦性的领域信息。在解析支持抽取的框架下，只有在抽取规则与目标信息匹配出错的时候，才可能有错误放大的表现。而非抽取目标的数据点则根本就不在领域抽取的雷达上。譬如，抽取规则通常是词驱动，那么任何不包含驱动词的句子就完全无关，这些句子的解析对错不会给抽取造成影响。这一特点使得开发和维护自然地将注意力集中于目标信息的语言现象，而不是整个语言的海洋。此外，抽取模块的容错开发可以做到有相当程度的鲁棒性。这是因为，对于抽取工作而言，解析的结构只是条件约束的一方面，它还有领域驱动词或领域知识库可以对节点施加约束。这就为放松对于结构条件的依赖程度，创造了有利条件，从而减小了对结构错误的敏感。下面举例说明这一点。

词驱动的时候，节点的领域约束已经很强，信息抽取对词节点之间结构关系的依赖随之降低。结构只要有路通达即可，关系本身的约束往往可以放宽。例如，企业情报挖掘中的一个典型事件是"高管变动"，需要抽取的信息包括"上任职务"。企业领域的高管词汇是一个非常有限的集合："CEO、副总、首席、总监"等。高管变动事件抽取的规则通常由"离职、上任、任命"等动词驱动。在下列规则伪码中，"任命"的宾语（O）被抽取为{高管名}，而与"任命"发生关系的高管词汇（"CEO|副总|首席|总监"），无论是状语还是补足语，都必然是{上任职务}。

　　["任命"：高管变动事件]
　　　1.O［NE：{高管名}］

168

1.AnyLink［"CEO|副总|首席|总监"：{上任职务}］

可见,驱动动词的子图模式中只要有符合高管的词汇列表的节点,该节点与驱动动词之间是什么结构关系,并不重要。为了增强鲁棒性和召回率,结构关系的约束可以放得很宽。最宽的关系叫 AnyLink,指的是匹配任何关系,即便这样也不会影响抽取的精度。

说到错误放大,很多文献假设系统是一个连环套,认定每一个前期的错误都被依赖,然后不断被放大。但实际的情形是,在我们架构一个多层系统的时候,其中 80%,甚至 90%的现象并不是依赖性的。也就是说,层次和层次之间的绝对依赖关系只占少数。中心递归现象算是绝对依赖性的一个例子,递归结构的外结构是以内结构为依赖的。理论上讲,用多层有限状态机制应对自然语言的中心递归现象,三层的系统就可以完美应对中心递归里面的依赖性,因为实际语言大数据里中心嵌套从来不超过三层。但实践中,我们往往会做十几层到几十层的模块化分工,这里面的绝对依赖性是非常稀疏的。

既然很多现象没有绝对依赖性,为什么还要把系统分成那么多层? 那是为了把复杂的系统模块化,便于开发和维护。好比建筑施工,制造一个预制件,不仅仅为了砌墙,也可以用来铺路。用预制件铺路就是没有依赖的模块化。

模块化本身主要是软件工程的概念,说的是构建一个比较繁复的系统,怎么把大任务分解成子任务。一般而言,凡是可以把大任务切割成子任务的构建方法,总是有利的。模块化使开发过程更加可控,也更好维护。自然语言无疑是一个比较复杂的系统。面对一个复杂的对象,最好的方案还是应该效仿工程界多年以来行之有效的方式,尽可能把任务分解切割,实行模块化开发。

虽然串行的多层模块常常没有依赖的关系,但对于一个缺乏容错和纠偏机制设计的多层串行系统来说,错误放大的隐患还是存在的。最典型的案例就是传统系统中前置的POS模块。POS往往被错误地预设可以确定性地标注所有的词性。假如POS把名词错标为动词,POS后模块又没有足够的容错措施,句法解析就可能走入歧途,造成错误的放大。谈词性标注陷阱的时候我们专门论过这个问题,提出了与POS错误脱敏的解决方案。

郭:这个挺有意思的。对于管式系统,一边是错误放大,一边也可能负负得正。最终如何,要看什么方面?

李:说层层依赖是错误放大的导因,有个隐含的预设前提,就是模块之间的接口数据流是单调不可逆的。

差之毫厘,失之千里的弹道路径是单调不可逆的。而我们定义的贯穿整个系统各模块的数据结构却并非如此,数据流不是自底而上线性上传,而是以一个数据结构的平面伴行每个模块(见图9—1)。

可见,伴行的内部数据结构始终不变,只是早期的数据结构留白较多,数据结构是在层层解析的更新中不断丰富的。这种设计可以容纳纠偏和结构再造(参见"拾 歧义包容与休眠唤醒"),完全可能负负得正,当然要看模块开发的指导原则和协调功力了。

郭:好,我的理解就是有些情况下它会放大,有些情况下

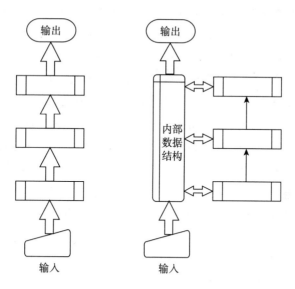

图 9—1 线性数据流与数据结构伴行的对比

它不会放大。那有没有一个办法,我能检测出走偏的危险,来预防这样的情况呢?

李:当然有了,这就是我们强调的容错开发和纠偏机制。前者是尽可能减轻错误放大的危害。后者是将错就错,然后改正。最终错误不仅没有被放大,反而达到负负得正的结果。

一个模块出现一个错误,有两个解决办法。简单的错误,模块内局部条件调控就可以解决的,作为定点排错的任务在模块内解决,是迭代提升模块的预期功能。另外一个方法是不在模块内解决问题,而是认可这个错误为一个可预测的输出。这类错误往往在局部很难解决,它需要更大的上下文条件。有些问题虽然理论上属于前期某功能模块的职责范围,但不妨有意留到条件更成熟的后期模块去纠偏。一个模块走偏了，下一个模块把它纠正过来。如果纠正过火了，再下一个模块还可以拉回来。

自然语言多层解析系统是一个大型软件工程。软件工程中多年建立起来的模块化开发规范，应该遵循。数据驱动，错误驱动，目标导向（goal-oriented），调适性开发（adaptive development）；单元测试（unit test），回归测试（regression test），小步快跑，多次迭代。这些做法有利于保证语言工程走在稳步提升的路上。最关键的是目标导向，就是在每一层模块的开发中，一旦单元测试完成，改变了模块任何部分，马上要置于整个系统的运行环境中做最终目标的回归测试。回归测试通过有代表性的测试文档，比较当前的输出结果与模块改变前系统的输出结果，及时供给开发者审阅。保证目标导向，就走在了"负负得正"的道路上，是对错误放大的反动。

郭：您讲的这个负负得正，让我想起了 NLP 历史上著名的 Eric Brill 的创新算法。他的想法跟您的听上去很接近。他是首先在词性标注的任务上，用一个简单的负负得正的算法取得了业界领先的成绩。它第一步是把所有的词都标为名词，因为名词是最多的。但这样子还是有很多错误。每一步都发现错误，改正错误。这个改正可能导致矫枉过正，那么就再发现一个条件，再来矫正。我不知道这个跟您刚谈的负负得正的异同是什么？

李：背后的思路是一致的。都是错误驱动，层层纠偏。

Brill 词性标注研究中发明的符号规则学习算法（symbolic rule learning algorithm），是错误驱动的基于"变

172

换"的算法（transformation-based algorithm）。它所训练出来的每一条符号规则，就是沿着一条负负得正的路线不断去变换。最后得到的规则集，是一个前后依赖的规则序列，好比一个缩略版的多层系统。数据接口就是一个简单的线性符号串，其中每个符号对应文本中的词及其标注的词性。这样根据局部上下文对词性标注层层更新，直到整个规则集走完。

有意思的是，在这个"迷你版"多层系统中，数据结构是单调的，只有词性标注一项，也只能依它为条件，在 N 元组的局部上下文中更新标注。由此看来，这是最典型的容易产生错误放大的依赖情形。尽管如此，纠偏算法的设计使得错误放大被层层抑制。错误矫正在层层变换中达成，最后收敛在比很多其他复杂算法更好的表现上。这说明，错误放大并非多层的宿命，只是一种潜在风险。容错和纠偏的算法可以利用多层，达到负负得正的结果。

Brill 只是为一个单纯的任务展示了一个简单而有效的纠偏"学习算法（learning algorithm）"，在一个模块内部做简单的多层工作。但在模块之间，这个道理是一样的。

对于多层处理而言，错误放大与负负得正是与生俱来的两种可能性，前进方向决定于系统的设计。Brill 负负得正的成功得力于作为最后标准的"训练集（training corpus）"，他所要达到的目标是恒定的，总是以最终目标来指导每一层纠偏规则的学习。同样的思路也是我们所提倡的。在一个多层系统当中，每一个模块的开发自然有它的局部任务，譬如说这个模块是做名词短语的。但是，在一个避免错误放大，进而达到负负得正的多层系统中，不能够仅局限于各自模块的局部任务,更需要以整体目标作为最终导向,才能真正达成目的。这就是我们说的目标导向的模块开发方式。

每一个模块都应该置于整个系统的开发环境中,当成系统的一个有机环节。在全局的开发环境中,由系统最终目标驱动模块开发,就会自然形成模块的适应性和容错性。

郭:这是整体系统设计的话题了。一个很重要的原则,就是要有一个最终目标导向的全局思考。您能展开谈谈如何实施目标导向吗?

李:好。一个相关问题是接口设计的灵活性,就是说任何一个系统在划分成多层多个模块的时候,特别需要注意接口。

这个接口不是简单说我的输出就是你的输入。在系统模块和模块之间有一个设计问题,主旨是使接口足够的灵活和有弹性。我们以前谈分词、谈 POS,指出的要害都在数据接口的非良定义上。

模块开发的一个老说法是:“铁路警察,各管一段。”这是分工负责制的理想状态,它假设每个模块的任务可以精确定义,而且完全可以在当前条件下完成。后续模块可以在前一个模块的理想结果基础上完成任务。这样一环套一环,一旦出错,也容易找到问题所在,就地解决。错误永远是局部的,无须全局协力,不存在相互依赖。

至少对于自然语言解析系统,情况非常不同。模块切割也不可能那么干净。不仅仅递归结构需要有多层规则的循环,很多其他现象也要分配到不同模块层去处理,等待条件的成熟。这里,管式系统更像是在螺旋上升。这样的情形使得我们必须抛弃“铁路警察,各管一段”的模块开发原则。取而代之的是最终目标导向的适应性模块开发路线。

我们以离合词为例，来看词典与规则的接口。离合词是一个在中文语法学界讨论多年的挑战了。汉语词汇有相当数量的动宾离合词，"洗……澡""睡……觉""打……酱油"等。这些词看上去跟其他词典词一样，有自己的词典特征，词义也是词典定义的。"洗澡"并不仅仅是"洗"，它是指人所施行的对身体所做的清洁动作。

那么，在语言架构当中就存在一个问题，我们在查词典这一层本来是应该找到"洗澡"这个词的，可是在真正的语言现象当中，"洗……澡"有可能离得很远。动宾不在一起的时候和在一起的时候，这个词典词的词义并不改变，语法特性也没有改变，在解析中怎么把它们归一呢？这就给词典与规则的接口提出了挑战。

郭：我以前做分词遇到离合词就很困惑。很想知道像"洗澡"这种离合词，应该怎样处理才好。

李：目标很明确，就是，无论是否离合，解析结果应该一致，这包括解析结构，也包括词典所绑架的词义和本体特征。

在传统的架构中，词典模块、词法模块、句法模块、语义模块、语用模块，都是相互独立，依序前行的。在这种架构中，"洗……澡"的分离搭配，成为难题。

值得注意的是，虽然"洗澡"是个词典词，但在语言学的结构层次上，它是一个动宾关系的动词短语。换句话说，"洗澡"无论离合，词义不变，表示动宾关系的词典微结构与句法组合结构也是等价的。

比较词典词"洗澡"与自由组合"洗手""洗衣服""洗棉外

套"，二者都是动词短语，在句法起等价的作用。所不同的是，"洗"和"澡"是直接量之间的强搭配，而自由短语中，动词与宾语是词类子范畴基础上的组合。强搭配带来的是词义的"绑定"，而不是简单的语义组合。这种词义的绑定在语义落地到应用的时候，就体现出价值来了。譬如，如果语言解析落地到中英机器翻译的语用场景，自由组合的"洗＋O"和"打＋O"，可以翻译为"wash＋O"和"beat＋O"，而强搭配的"洗澡"和"打酱油"就必须根据词典的绑定，翻译为"take...bath"和"buy...soy source"。

离合词在"合"的时候，"洗澡"这两个字，在输入的文句当中是连在一起的。那么在第一次分词与查词典的过程中，对应地查到"洗澡"这个词典词是没有任何问题的。因为"洗"和"澡"是一种动宾关系，在词典里面的规则当中，"洗"和"澡"无论微结构还是词义都已经绑定了，所以当整个语句向下分析的时候，"洗澡"已经是经由词典解析完成了。

离合词在"离"的时候，分词模块无法把"洗"和"澡"连上。动宾中间可能夹杂一些定语或者其他的成分，例如"我洗了一个痛快的澡"。甚至可能是远距离的搭配，例如"这个澡，我越想越不应该洗"。

①我应该洗澡了。

②我洗了一个痛快的澡。

③这个澡，我越想越不应该洗。

如图9—2所示，在我们的解析结果中，不管"洗……澡"是合还是分，都会让二者连成动宾微结构关系，一个是在词典做的，一个是规则完成的；图中以小写的o表示强搭配宾语。

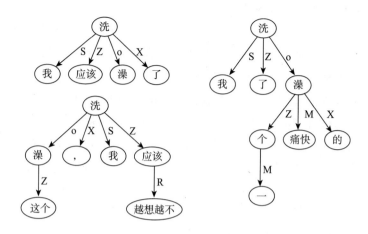

图 9—2　离合词示例

如例②,动宾词的隐含微结构特征,可以自动实现为显性的句法依存链接。"洗"作为一个动词语素,"澡"作为一个名词语素,在解析过程中,它们符合动宾关系的全部变式。

在解析的时候,实际上是查了两遍词典:一个在句法前,一个在句法后。一头一尾查两遍离合词词典,离合问题就得到了解决,实现了离合词解析结果的一致性。

郭:我还是没太听懂。"洗澡"这个语言现象我是熟悉的,"洗澡,洗一个痛快的澡,痛痛快快地洗一个澡"。"洗"和"澡"中间可以加很多东西。对付这种现象,词典模块(查"洗澡")和句法分析模块是怎么灵活结合起来的呢?

李:说到底,这是一个相互依赖的现象:词典先行无法应对洗澡的句法变式,句法变式处理了,已经过了词典环节。解决方案是不妨把词典模块重复使用一次。没有规定说多层系

177

统的模块不可以增减和重复啊。

在一个具有灵活接口的系统中，就要考虑这种互相依赖的情况。对于"洗"和"澡"分离的语言现象，需要先把句法分析出来以后，才适合去找搭配的两个落脚点。动宾关系的变式很多，所有的变式都对"洗澡"适用。中间可能有一连串的其他东西，"澡洗得不怎么样"，"这样的澡我认为不太容易洗"，等等。这些都是可以抓得住的句法结构，这些变式在句法解析中是有模块去管的。问题是，这种表现在句法上的关系，实际上是词典词内部微结构的映射。不形成一个词典词，深层解析不能算最终完成。

对于离合词，所需要的接口是把动宾结构的节点找到以后，再到合成词词典去回炉。这样才能让不同的表达方式得到同一个解析结果。

郭：我这样理解对不对？多层系统的传统办法就是所谓的管式，要先查词典，再做句法。您现在说，离合词现象需要做多次的词典处理。这实际上是说，在一个新的高度上使得句法又回归到词典微结构了？

李：对，就是这个意思。

虽然从主体上来说，词典一定是在句法分析之前的。但可以允许系统有这样一个灵活的词典接口。一次性词典查询，可能能解决 80％ 的问题，但是还有 20％ 的问题，它可能在前部词典当中是不能实现的，那就条件成熟的时候再查词典。

郭：那么，我现在想问一个具体的问题。"洗澡"意味着有两轮的词典处理。在实践中，也有别的语言现象需要循环多次吗？或者说同一条规则，可以被多个模块调用？

李：从系统的机制和架构上来说，实际上不需要对模块或规则的循环执行做人为的限制。可以由语言学家根据具体现象决定。

解析工作有不同程度的循环性。中文解析中，句法就是词法的"高阶"循环。所谓递归现象，实际上也是有限的循环。中心递归不超过三层，同样的规则在三层重复，就可以捕捉了。右递归可以多达七八层，当然也可以通过七八层模块的规则重复来捕捉。不过，右递归更方便的解析是在同一层实现循环匹配，这是有算法保证的。

一般而言，同一个性质的结构在具体语言表述中，处于不同的上下文条件中，这个条件可能在不同的层次成熟。同一条规则可以不可以在多层系统中重复出现，保证在条件一旦成熟时立即实现？这是完全可以的，没有任何理由去限制这种规则上的冗余。冗余所带来的维护负担，是纯技术性的问题，有相应的机制可以帮助应对，譬如某种"宏规则（macro rule）"的编码和调用机制。这里就不细说了。

从语言学家追求规则的抽象度来看，冗余好像是一个不好的东西。但在实际的语言工程中，冗余是应对复杂现象的有效手段。也就是说，同一条规则可以多次调用，在不同的层面触发。在多年的实践当中，有些规则可以重复多次。例如，在第五层让一条规则做一次，解决了 50% 的这类现象；在第八层又让基本同样的规则再做一次，它又解决了 30% 的问题。余下的远距离问题，就再往后推。这是完全可行的。

允许多层次模块复制同样的规则或改造成近似的规则，创造这样一个解析环境，相互关联的符号一旦遇上，就可以早早建立联系。这有助于分化互相有依赖的现象，根据具体情况在不同层分而治之。及时解决也为其他现象的解决提供了合适的上下文条件。假设 abcd 中，bc 是短语 X，ad 是可以带嵌套 X 的短语 Y。Y 短语规则应该在 X 短语形成以后，才能建立，因此，bc 越早结合为 X 越有利。与其预设一个固定的层次一次性做所有的 X，不如允许短语 X 一旦条件成熟就做。

不管是说"洗个痛快的热水澡"，还是造出一个远距离的动宾关系，让"洗"和"澡"之间隔着很多词，它们都是汉语句法中的动宾关系变式。但是无论近距离远距离，是左是右，它都是汉语句法中的普遍性关系。只要是做汉语解析，就一定会有相应的规则去把动词和它宾语给联系上，不管距离多远。

这个句法关联就是一个结构支持。动宾句法不必为"洗澡"这类离合词现象，做特别的功。没有离合词，那些动宾规则也不能省掉。与"洗个热水澡"平行的说法是"吃条红烧鱼"。捕捉句法关系是解析器的本职任务。对于强搭配，要做的就是：一旦动词和宾语发生了关系，要有个机制允许它们再查一遍搭配词典。

在语义落地的时候，合成词是当成同一个概念去落地的。在搜索的场景，检索"洗澡"应该匹配所有的变式。假如机器翻译是语义落地的目标，这"洗澡"不管是分离的还是不分离的，它的意思都对应英语的强搭配关系：take a bath。如果没有把分离的合成词当成一个概念去处理的话，"洗澡"挨着的时候翻译正确，分离的时候可能翻译成 wash a bath，就不是地道的英语了。

郭：容错开发怎么讲？听上去是防止错误放大的，哪怕前面的模块错了，后续模块也尽量应对。是吗？

李：是的，容错开发强调的是模块的调适性和鲁棒性。容错开发的理念是，模块开发是一种适应性的动态打造过程。模块开发对于前期模块应该在"开发集（development corpus）"上根据目标导向调适，避免前期错误造成严重后果。

这个包容性如何具体实现呢？首先，在没必要把条件细化的时候，可以适度放宽条件。规则系统的条件总是可以控制的。有时候，在没有见到更多的语料之前，我们有一种本能的保守倾向，条件宁紧勿松。但这对于鲁棒性是不利的。应该教育开发人员学会适度放宽条件做开发，条件太宽引起的问题，可以依靠回归测试的反馈来帮助解决，而不是拍脑袋的宁紧勿松。条件卡得过死，就缺少了灵活性。一旦前面的模块出现一点偏差，系统的结果就受到损害。如果每一个模块的开发都是按照这种鲁棒性调适性的思路，以最终目标为导向，整个系统就不用担心错误放大的困扰。

还是以强搭配"洗澡"为例。前面我们论证了句法上动宾有很多种变式，句法解析器"应该"已经联系上了。所以到了语义模块，只要增加一部离合词词典，就可以把二者重新合成。这个说法是有道理的，做法也顺理成章，但并不是最鲁棒的调适性开发。因为它是建立在句法可以完美解析动宾关系的预设上。

在一个实际应用的语言系统中，经过长时间开发和打磨，动宾关系的确可能做得很好。譬如，能做好95％的现象，这已经接近语言学专家的水平了。但即便如此，还有 5％ 的情况，动宾关系做错或漏掉了。因此，完全根据动宾关系查询动宾离合词词典，不是具有鲁棒性、容忍性的做法。

那么鲁棒的方法是什么？如果两个词的二元依存关系联上了，但没有解析出动宾关系，或者由于某种远距离的原因，二者联系没有建立起来，那么有没有办法能保证离合词模块一样能够把它合成呢？实际上是可以的。因为这是一个直接量强搭配的关系，是两条腿落地的现象，系统当然可以降低对于结构的依赖。

如果"洗"和"澡"之间发生了某种直接或间接的关系，其实不用去查询是不是动宾关系，就可以直接认定"洗"和"澡"是动宾离合词。这样做遵循了容错性开发的原则，其实并没有牺牲精度。

动宾关系不再作为必要条件，就是在容错的结构条件上往后退一步。其实还可以考虑再退几步。推向极端的话，如果特定的词与词之间的搭配如此强烈，甚至可以不管句法模块把它们连接上没有。只要它们之间的距离不是太远，就可以认为它们俩发生了关系。换句话说，这是用物理距离做句法关系的后备，等于是放弃结构支持，来换取鲁棒性。这种选择性的放弃，对于强搭配是有效的。更极端的强搭配例子有"波音"与"747"的远距离联系。二者的搭配是如此之强，完全可以超越句子的范围。只要"747"与"波音"在同一篇文章出现，就可以认定这种联系。"747"指的是飞机实体（型号），从而否定它是纯粹数字的解读。

所以，一切都是在诸条件中求平衡。关系链接的条件紧，节点的条件就可以适度放松。同理,节点的条件收紧,对于关系条件的依赖就可以减弱。这样才会在精度、召回和鲁棒性的综合指标上达到一个较高的质量和平衡。调适性开发方式可把条件放松到恰到好处,使得解析器既能把现象抓住,也不至于过分地依赖前期模块的正确性。

郭:这个我听懂了,跟您前面讲的词节点匹配时把动词和形容词都作为谓词来查是异曲同工的。现在强调的是词节点条件与词关系条件的相互作用和平衡。条件松紧的拿捏,是一种平衡艺术了。但是到底要放多宽,一个初学者大概不容易把握。这里有没有什么指导原则?

李:有。我们讲自然语言处理工程,本质上是一种实践。它里面的很多做法,与软件工程的惯例做法是一致的。

怎样从机制上保障系统质量?这不能完全依赖于个人的经验,而是需要加强开发环境的建设,来帮助专家编码。可以首先建立一个基线系统(baseline system),对于当前系统的运行结果做备案。在开发环境中,对系统的任何调整,需要立即反映在与基线系统的结果差别上。如果这个差别能及时反馈给开发者的话,他就会很快地感知到松紧度拿捏是否合适。条件越松,鲁棒性越强,召回也随之提升。但条件的放宽不能严重损害精度。松紧度最终的评审,不是靠有限的个人经验,一定要通过数据反馈来决定。这条道路的延长线就是符号规则的机器学习了。但机器学习的前提是要有海量标注数据的训练集。如果能获得很大的训练集,专家只需要提供规则的模板,符号规则以及里面的条件宽松,就可以机器学习出来。

在没有海量标注的情况下,也可以考虑实现半自动的规则开发和容错迭代。半自动表现在系统可以自动调整松紧条件，但需要专家根据开发集来判断结果的好坏。半自动规则开发，对于语言技术的落地实用，是一个很有潜力的方向。

郭：听明白了，这是一个很好的语言工程实践，也是一种主动学习（active learning）的办法。基本思路是说，我先要收集一个代表性样本，建立一个基线系统作为回归测试集。然后，在一个同质的样本开发集上做开发。开发集与回归测试集，都不必经过人工标注，它们是用来验证系统开发的效果的。对系统反复迭代打磨，开发过程成为一个增强积累（incremental enhancement）的过程，直至达到某个相对成熟的阶段。后去就是根据用户反馈做系统排错和维护的例行过程了。这个理解对吗？

李：就是这样。总结得很好。实际上，这是软件工业界对于复杂系统的常规做法了。语言工程当然也不例外。

前面说过，专家编码不依赖大数据标注。很多场景和任务没有资源去标注足够大的训练集，无法据此自动计算出系统变好变坏的比例来指导开发。这是专家编码所面对的与机器学习不同的开发环境。在专家编码的软件工程中，如何保证系统沿着正确的方向走？常规的做法是，没有标注数据，就利用原生数据建立开发集。系统开发环境下的每次变更，可以靠肉眼去比较结果的变化。这就要求小步快跑，快速试错，快速迭代。任何松紧度的调整，无论是词典还是规则，是规则中的节点条件还是句法关系的条件，都不允许变动太大。步子大了，就会出现跟基线系统相比太多的改变，肉眼看不过来，无法保证系统质量的稳步提升。这跟所有的大型软件系统的工程开发是一个道理。三分开发，七分迭代。所以我跟年轻人开玩笑说过，自然语言工程是个强体力活。机制平台设计好以后，比拼的就是在尽可能大的开发集上做数据打磨。

郭：好，这一讲主要谈了整个系统的架构设计，从单层系统走向多层系统。被大家诟病的多层系统会放大错误的担心，可能是一种偏激的理解。在很多情况下，错误并不会放大。即使有错误会传下去，也可以用"负负得正"的办法来解决，这包括利用目标导向和调适性开发的操作规范。管式系统还有一个更大的好处，它可以通过灵活的接口，采取多次迭代、螺旋上升的方法，用比较简单的方式来覆盖和解决复杂丰富的语言现象。

拾 歧义包容与休眠唤醒

郭：李老师，在讲述确定性结果和歧义对策的时候，您说过与之配合的方法有"歧义包容"。我记得我们这个领域里面有个著名的提法，叫 keep ambiguity untouched，这是否就是您说的歧义包容？

李：对，这就是歧义包容的原则。它指的是遇到歧义绕着走，尽量不碰它。

对于自然语言中无处不在的细微差别和模糊现象，歧义包容往往是一个高明的做法。事实上，模糊理解是人类语言实践中的常态，里面就隐含了对于歧义的包容。语言自动解析模拟人的语言理解，诉诸歧义包容的形式化实现也是一个合理的思路。

歧义包容具体实现起来有一些方法。有一种接口设计，是以确定性的数据流来涵盖非确定性的结果。具体来说，就是歧义不必以多路径的数据流往下传，而是把它在确定性数据流中表示出来，从而避免了多层系统中数据流的枝枝蔓蔓。

郭：我心里有个疑问。自然语言与计算机语言不同的最大特点就是有歧义。解决歧义应该是自然语言系统最根本的任务。这样看来，还是应该尽量多消歧。包容歧义应该是不得已的办法，是吗？

李：可以说是不得已，所谓退而求其次。但也要看到，很

186

大程度上,歧义包容与人的认知是相符的,因为人也常常是不求甚解。在语言交流中,很多细节是可以搁置的。

最典型也是最普遍的歧义包容是针对多义词的包容处理。绝大多数自然语言系统也是绕过词义区分的。譬如,假如 a 是系统数据流中的一个词,它有两个词义 a1 和 a2,多数系统采纳的就是确定性数据流中对(a1,a2)包容的数据表示。搁置可以搁置的争议,有意无意地实行歧义包容并不鲜见。下面的示意图(图 10—1)对比了一词二义的两种表示:数据流的二叉路径表示,确定性数据流的内置表示(a1,a2)。

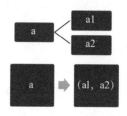

图 10—1　一词二义的两种表示

再举个的例子,"49 年前"中的数词 49 有两个义项,对应两个特征,一个是时点(1949 年),一个是时段(49 个年头)。这属于典型的可以包容的歧义,因为这个歧义只对内,不对外。对外,它就是一个时间成分,做状语为多;对内,歧义的消除是一个独立的任务,对于结构解析没有影响。

在文法学派的历史上,对多义词不做歧义包容的流派较少。比较突出的就是采用"类型化特征结构(typed feature structure)"的合一文法学派(包括曾经名噪一时,如今式微的 HPSG 等)。这个流派原则上把一切的符号差别,包括词义的区分,全部显性地表达在它的复杂特征结构里。同一部文法可以用于解析,也可以用于生成。它是通过回溯算法,对特征结构利用类似 Prolog 语言里的合一操作而实施的。这个做法具有逻辑上的清晰性和完备性,可惜难以在语言实际应用中落地开花。其中一个致命的原因就是不懂得歧义包容,表现在伪歧义的泛滥。这一派的没落,从反面支持了歧义包容。

其他文法规则的实践,包括乔姆斯基风格的以词类为基础的传统短语结构文法,大都是绕过词义区分做句法解析的。句法树的叶子落实在词上,而不是词义上。譬如,bank 有两个词义:bank1(河岸),bank2(银行),句法解析一般不需要仅仅据此而输出两棵句法树。

郭:词义歧义以外,结构歧义也可以包容吗?

李:可以的。举个英语中结构歧义的典型例子。

在英语的句法当中,如果一个介词短语(PP)出现在动词和宾语的后面,那么从形式上来看,介词短语既可能是前面那个名词的定语,也可能是前面谓语动词的状语。这就是著名的介词短语依存问题,所谓 PP-attachment 难题。PP-attachment 的非确定性的表示需要生成两棵结构树,以"…write books for children"为例(图 10—2)。

如果规定只允许确定性结果,那就要剪枝。如果介词做定语的概率高过做状语,那就把它做状语的可能性给抹掉。万一真的是状语怎么办呢?后面的应用找状语找不着,自然会引起错误。这就是过早剪枝的副作用。

歧义包容不是这样。歧义包容用的是确定性的数据结

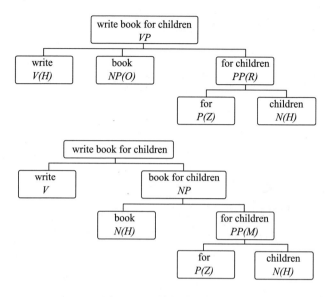

图 10—2 结构歧义示例

构,但可以同时保留两条路径。值得注意的是,结构歧义无法用同一个短语结构树表示,但是如果把上面的树结构改成依存关系的"有向图(directed graph)"结构,让介词短语节点连接到两个父节点,结构歧义的包容就可以实现。如:下面图10—3介词短语由其父节点 children 统领,它是 write 的状语(R),也是 books 的定语(M)。

结构歧义包容等于是扩大了结构匹配或搜索的召回率,使得后面的应用在同一张图上,无论找定语还是状语都可以找到。

郭:我的理解,歧义包容扩大了召回,但降低了精准。这样做合理吗,合算吗?

189

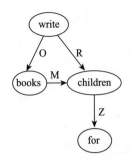

图 10—3 结构歧义包容示例

李：很好的问题。我们的回答是肯定的。

合理方面，道理很简单。之所以包容结构歧义，是因为在句法解析的阶段，系统难以找到确定性条件消歧。只好把问题留到语义模块或语用模块，在全局条件更清晰和成熟的时候处理。如果可以找到，自然不用歧义包容，直接剪枝好了。

咱们可以退一步，从架构设计上来看这个问题。在"句法→语义→语用"的总体架构中，句法的核心目标并不是细致准确的深层解析和语义落地，那是整个系统的目标。句法的目的是为最终目标提供一个结构基础和支持，协助后面的模块完成任务。在这样一个宏观任务分工的设计中，消除歧义还是包容歧义，在哪一步消歧合适，什么时候消歧的条件比较成熟，应该由专家根据不同语言现象来决定。从机制上看，系统需要为歧义包容提供技术手段。对于结构歧义，这个手段就是图数据结构。

一般而言，通过词类、子范畴、小词和语序等形式条件就可以解决的歧义，自然就在句法解析内部消歧。就英语介词短语依存歧义来说,有明显搭配关系的 PP 成分是可以在句法阶段消歧的,也就用不到歧义包容了。举个例子,在英语当中 key 这个词要求介词 to 带的短语做它的定语,譬如"the key to the door","the key to the exercise"。在这种情况下,哪怕它前面有动词,譬如,"She found the key to the door"(她找到了门钥匙),也可以把 to 做状语的可能性排除,因为随机性状语远远敌不过强搭配定语。也就是说,句法可以利用 key 与介词的个性"搭配规则(collocational rule)"消歧,不用担心过早剪枝的问题。利用个性化搭配规则消歧,我们称作"例外堵截",就是在共性规则之前,先由词驱动的个性规则把共性规则的例外截住。

如果句法阶段很难消歧,那么包容歧义最好。形式解决不了的,常常需要利用全局的结构关系和细致的语义约束。只要包容的路径是通达的,歧义问题就可以留给语义模块。

还有一些歧义在句法和语义阶段不好解决,还可以一直包容到语用模块。实际上,在需要结构支持的应用阶段,问题往往聚焦了。问题聚焦的好处表现在歧义面临两个出路:有些包容的歧义可能变得无关了,问题自然消解;留在雷达上的歧义,处理目标更加清晰。需要的话,子图匹配可以利用对于节点的语义约束,在非确定性的路径中选优,达成高精度目标。

以机器翻译为例。词义消歧的必要性要看源语目标语言对的具体情况,这是典型的语用场景因素。在有亲属关系的语言中,有些多义词在源语与目标语之间有类似的多义范围。例如,英语的万能动词 make 涉及词义的各种不同用法,法语的对等词 faire 也具有类似的外延。这时候,词义歧义就可以一直包容到底,不必消歧也能落地,不会因此影响翻译质量。但是,要是翻译成汉语的话,make rice(做饭)与 make mistakes(犯错误)这种区别,就需要看宾语搭配的条件来决定消歧和译法。所以,在句法以后,如果语义层消歧做得不充分,也可以在语用层面针对应用场景,根据需要来做更具针对性的词义消歧。

观察人类的语言交流也可以发现,交流双方并非追求每句话每个短语的精确含义。不求甚解的情况非常普遍,交流照常进行。不在核心关注点上的歧义没有人追究,多数歧义也都是包容的。

郭:这样看来,包容结构歧义并传递给下一个模块,这种处理超越了乔姆斯基风格的短语结构的树表示。这使得一个子节点可以有多个父节点,树结构变成了图结构。您觉得这种方式在语言学上可以被大家接受吗?

李:严格说,这不是语言学的问题,这是数据结构的表达力问题。

语言学上,一子多父就是结构歧义。用多棵树表示,还是用一张图包容,只是技术实现层面的问题。不突破传统的树结构表示,后面的结构匹配和应用的模块就不得不面对非确定性数据流,徒增困扰。

当然,歧义包容只是把歧义的多路径以一种兼容方式表表示出来而已,理论上并没有达到自然语言解析的消歧目标。这样看歧义包容,的确是一种不得已的办法,就是把现在棘手的问题推后了。语用的时候,譬如信息抽取的目标已经聚焦到某一个特定领域的时候,条件相对来说成熟了。在特定领域特定词汇驱动下,很多难解的歧义会自行消解。很多时候,非确定性结构可以起到相同的效果。例如,产品发布事件对于企业情报很重要,因而成为信息抽取的典型目标。假如抽取规则是由动词"发布"驱动,我们要求发布的对象具有产品特征,产品发布规则的伪码如下:

["发布":产品发布事件] 1.O[product]

上述规则自然不错,查询的是动词"发布"及其宾语(O)product(特征)。但是,如果考虑到歧义包容和容错开发,规则其实是可以适度放松结构条件和节点条件的:

["发布":产品发布事件] 1.AnyLink[product|OOV]

改进版的抽取规则放宽了结构条件,不再局限于宾语,而是允许任何与动词发生直接二元依存关系(AnyLink)的节点。节点条件也放宽到允许生词(OOV)进来(因为有很多没能注册和识别的产品名,系统的默认标注是 OOV)。这样的规则,借力领域驱动词来放宽条件,抽取到更多的事件,却一般不会影响抽取的精度。假如句法模块错把宾语做成了主语或定语,或者以歧义包容的图形式把一个节点做成既有主语又有宾语的两个链接,这条查询任意链接的规则仍会同样奏效。这条规则可以从下列文句抽取出产品发布的事件:

(1)苹果刚发布了新款 iPhone XR。

(2)iPhone X Max 两天前正式发布了。

(3)iPhone X 的发布并没有引起轰动。

(4)新发布的 iPhone 售价高达 1000 美元以上。

(5)……

总结一下,多层系统的模块和模块对接的时候,蕴含中间结论的数据流是模块的数据接口;接口设计上,需要决定中间结论是呈现确定性的还是非确定性的数据流;专家编码的多层系统中,非确定性的数据流很难掌控;而确定性数据流可以把非确定性结果包容在同一个数据结构中,贯穿整个管式系统。

郭:从常识来说,既然是中间结果,那就不应该是确定性的。如果坚持不在早期剪枝,总要留下各种可能性。利用非确定性中间结果传下去,这个问题不就解决了吗?

李:问题没有那么简单呢。我们可以反推一下,按你说的,保留所有的可能性。这样一层一层往下传。从搜索空间的角度,那多层系统不就回到了我们批评的单层系统了吗?结果一定是组合爆炸,而这正是我们需要避免的。换句话说,"适当地早期剪枝"是多层系统的题中应有之义。

很显然,确定性数据流是最好掌控的一种方式。它就像接力棒一样,一棒一棒往下传就行了,不用带着瓶瓶罐罐往下跑。如果早期模块的结果就是多叉的数据流,后续模块必须对多种结果分别处理和延伸。千头万绪,还怎么掌控和维护系统呢?完全非确定性的方案是难以规模化实用的。所以,确定性数据流应该是多层系统设计的主流接口。

当然,确定性数据流会带来过早剪枝的困扰。这得有个补救手段。歧义包容和休眠唤醒就是在这样的背景下提出的技术方案。

郭:听上去这两种数据接口在实践中都有麻烦。确定性结果会有过早剪枝的问题。如果用非确定性,就像您说的那样把瓶瓶罐罐都带着往下跑,会产生组合爆炸。就像下棋一样,每一步都有好多种走法。这样往前走对一个专家编码的系统是很难把握的。

李:你说得对,专家编码的多层系统面对非确定性很容易失去掌控。两个办法也不是绝对的非此即彼,合适的设计可以是这样的:以确定性作为数据接口的主流,但不排除适度容纳非确定性。这话听上去有点绕,我们可以具体分析说明。

首先,还是说为什么确定性主流可行。系统的开发从语言工程的角度来看,就是一个数据驱动,不断排错迭代的过程。过早剪枝本身并不可怕,关键是要有合适的机制可以随时纠偏迭代。纠偏的办法当然包括传统的错误驱动的"例外堵截"。但是,我们也不必总是"严防死守"。还可以探究机制和流程上的创新,使得系统后期的快速纠偏也成为可能。

如果找到合适的机制方便给早期剪枝纠偏,就不仅可以保留确定性模块接口的高效率,也进一步增强了多层系统的可维护性。歧义包容和"休眠唤醒"都是在这样的立论下提出的创新解决方案,是帮助克服过早剪枝问题的机制性设计。有了歧义包容和休眠唤醒,再加上例外堵截,多层系统以确定性数据流为主流接口就是完全可行的了。

郭:这就回到多层系统如何应对"错误放大"的问题了。您之前提到,休眠唤醒机制可以用来纠偏,实现"负负得正"。您能专门解说一下休眠唤醒吗?

李:好,这是一个非常有意思的话题。休眠唤醒是我们针对确定性多层解析系统的机制创新,可以处理一些很难缠的问题。

那么,什么叫休眠唤醒呢?简单来说,就是把早期剪掉的枝,先藏起来,待到需要的时候,再激活它。这样的技术手段就叫休眠唤醒。休眠唤醒直面多层系统与生俱来的过早剪枝挑战,给确定性中间结果提供保障。它与软件工程中的"补漏(patching)"是类似的思路。

郭:这让我想起一个例子。这个例子其实在语言学界谈了很多,就是"烤红薯"。仔细琢磨烤红薯其实有两个不同的意思:一个是去烤红薯,是动宾结构;另外一个意思是烤熟了的红薯,是名词。如果直接给出这三个字,确实是很难把它讲清楚的。这种歧义是包容好呢,还是休眠唤醒好?

李:这个问题复杂一些,可以考虑采用包容与唤醒相结合的对策,会稳妥一些。

"烤红薯"是汉语句法一个有趣而独特的结构歧义现象,与此类似的例子还有"学习材料"等。它到底是由动宾结构构成的动词短语(VP),还是一个动词"烤"做定语的名词短语(NP)呢?这个结构用得相当普遍,在没有更多的上下文的情况下,NP/VP分不清。短语歧义算是词类歧义的延伸,歧义从单词延伸到短语。欧洲语言虽然在词一级也会有词类歧义,但由于形态的使用(如分词做定语,性数格一致关系等),短语级的歧义很少见到。

NP与VP的句法功能非常不同,因此在进入更大的上下文前,两种可能性都不能排除。好,那就用结构图先做歧义包容:NP和VP都标注上。可是,这一现象的独特之处在于两个结构的父节点(即短语的中心词)不同。NP的中心词是右边的名词(红薯),VP的中心词是左边的动词(烤)。在同一个依存图上表示,就形成了一个循环,这在"有向非循环图

196

（directed acyclic graph）"的数据结构里犯忌了：

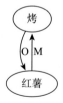

图 10—4　有向循环图

我们可以改造数据结构，放弃其中"非循环"的限制（图 10—4）。但这个子图产生两个不兼容的父节点，在往上寻找父节点的时候还是容易引起混乱。解决方案是不妨结合歧义包容和休眠唤醒。系统可以用特征符号的歧义包容，来代表NP 或 VP，使得这个微结构先不展开，好像一个"变色龙"短语。等到全局结构定局以后，再根据需要，用休眠唤醒的办法再造微结构。这个过程细述如下。

所谓"变色龙"特征的歧义包容，其实是用"逻辑与（logical AND）"的形式表达"逻辑异或（logical XOR）"的特征。一般来说，在特征集里，一个词上标记的所有特征从形式逻辑上说都是"逻辑与"关系（教科书上常用符号 ＋ 表示），例如，教练的"词典词条（lexicon entry）"特征 {N, human, biGyllabic, ……}，表示"教练"这个词是名词，人，双音词，等。形式逻辑上就是：

$$\{f1, f2, f3, \cdots\} == \{f1 + f2 + f3 + \cdots\}$$

如果一个词有歧义，如：bank1（银行），bank2（河岸），相应的特征是不兼容的。严格地说，逻辑上是非确定性的，应该分成两个词条，词条之间是"逻辑异或"（用符号 ∧ 表示）的关系：

[bank：N，organization] ∧ [bank：N，location]

但是，为了简化数据结构，避免形成二叉数据流（binary data stream），歧义包容的对策是借用"逻辑与"的确定性形式来表达其中一部分非确定性"逻辑异或"关系，即：

[bank：N，organization，location]

== [bank：N，organization^location]

抽象地说，就是借用 $(f1，f2，f3，\cdots\cdots) == (f1＋f2＋f3＋\cdots\cdots)$ 的形式，表达 $(f1，f2，f3) == (f1＋(f2 \wedge f3))$ 的实质。这与我们在同一张图中表达不兼容的结构歧义（如 PP 同时链接为定语状语），是同一个路数的歧义包容处理。

回到前面的 NP/VP 结构歧义问题。在合成词词典中，词条"烤红薯"内含两个可能的微结构：VO，MH（动宾，定中），这是词法特征。NP，VP 则是词典给出的句法特征，包容了两种可能性。相当于是在条件不成熟的情况下，把确认它是 NP 还是 VP 这个问题推后解决。

后面模块有更大的上下文，譬如，它前面遇到的词是"吃"："吃烤红薯"，那么系统知道"吃"的子范畴句型要求名词短语做宾语。在这种上下文中宾语是确定性的，匹配上 NP，歧义也就消除了。如果前面是动词"计划"，如"我计划烤红薯"，"计划"是另外一种动词子范畴，跟"吃"不一样，"计划"的宾语，可以是动词，也可以是名词，但首选的是动词。这时候"烤"红薯就解析为动词性的东西，匹配上 VP。从上面的例子可以看出，前一模块的两种可能性 NP、VP 都保留了，用的是特征歧义包容；等到后面的模块匹配上不同的"子范畴句

型模式(subcat pattern)",就自然消歧了。具体说来,就是系统应该这样来更新内部的数据结构:

(1)匹配上 NP,就抹去 VP。反之亦然。

(2)根据 NP 再造内部微结构:抹去 VO,确立"红薯"为父节点。

问题是,匹配完成后,上述消歧究竟如何实现呢?

我们知道歧义包容不是一种逻辑分明的表达,真正严密的歧义逻辑表达式是二叉数据流。对于任何歧义,哪怕很细微,产生两个独立而平行的数据流。但是,这种理论上逻辑清晰的非确定性数据结构,容易给系统带来伪歧义泛滥的种种困扰。这正是歧义包容策略提出的动因。因此,我们准备好了容忍歧义包容所带来的含混,并启用一些技术性手段弥补逻辑上的缺陷。具体到这个案例,逻辑漏洞就是词典所给的 NP 和 VP 特征本来应该是"逻辑异或"的关系,如今与其他"逻辑与"的特征混在一起了。这样虽然方便了句型匹配,但匹配完了以后,系统无从知道 NP 与 VP 结构是要"逻辑异或"的,俗话说就是,"有你无我,有我无你"。

为了实现微结构的"逻辑异或",我们可以利用休眠唤醒机制去再造微结构。休眠唤醒的关键是确定唤醒的触发点,以便系统知道何时启动这个机制。为此,我们给这类结构创造一个特征 eitherNPorVP,放在词典里表示"烤红薯"不是 NP 就是 VP,但现在还不确定。有了这个特殊的特征,系统就可以在句法句型完成后的模块,根据这个特征来启动微结构再造的唤醒工作。这就是特征驱动的休眠唤醒。具体技术性细节不必赘言,微结构再造结果图示如下(图10—5)。

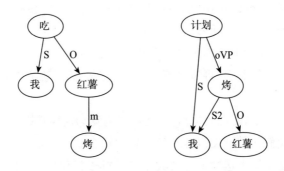

图10—5 微结构再造结果图

郭：其实还会遇到一种情况，可能在后期模块也不能解决它具体是哪种意思。比如说"我喜欢烤红薯"，喜欢的是动作还是食品，真不好说呢。

李：对。"喜欢"这个词，没有偏好，对于"烤红薯"它不管是动词也好，是名词也好，在"喜欢"后面都可以得到合理的解释，上下文当中也都可以成立。

"喜欢"的子范畴要求，既不像"吃"只要名词，又不像"计划"优先要求动词。"喜欢烤红薯"，即便句型匹配完成，依然无从消歧。这时候，休眠不要唤醒最好。系统可以根据"喜欢"的子范畴，决定让休眠继续（见图10—6）。

上述状况实际上对应了人的模糊理解，也是语言交流中的常态。人在表达思想和理解语言的时候，并不是每个细节都表述或理解清晰的。很多情况是一种模糊理解，不追究微结构，除非细节正好是关注点。"我喜欢烤红薯"，多数理解是模糊的。很多人根本就没意识到歧义的存在，也有人模模糊糊觉得不清晰但并不在乎，等于把歧义一直包容始终。虽然

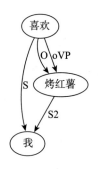

图 10—6　休眠继续

歧义一直没有得到最终的解析,但是主旨交流一样前行。

总结下来,对于确定性接口的副作用,我们提出了三个对策。①例外堵截:这是词典主义传承下来的,涉及个性共性调控的架构设计;②歧义包容:这属于适度保留非确定性结论的数据结构设计;③休眠唤醒:这是补救性机制创新。

郭:这个我已经听明白了,多层原则上以确定性为主,但不排除适度包容歧义,以及以休眠唤醒来纠正确定性结果中的局部错误。

李:对,休眠唤醒这个机制实际上与过早剪枝是相对应的。可以这么说,在自然语言处理的时候,不可避免地会产生过早剪枝。可以用一个办法,不让这个枝真正地被剪,而是把这个枝给深藏起来,好像这个枝已经进入休眠。直到后面的某一个环节,满足了某种条件,再让这个枝重新被唤醒嫁接。这就叫休眠唤醒。

总的来说,在早期把一个比较罕见的可能路径作为种子埋起来,不让它干扰常态解析。被休眠的可能路径等于是被

201

剪掉的枝,似乎不存在了。在多数情况下,系统是可以往下运行而不发生问题的。但在少数情况下,系统往下运行撞了南墙,小概率事件发生了。这时候要有一种办法,把那个已经休眠的种子唤醒发芽。换句话说,早期模块的阶段性结论默认是主流的路径,沿着主流路径走。突然撞墙了,就要回到以前的岔路口看一下,是不是某条被否定了的岔道才是正确的路线。概念上,这很像定点回溯。

比起前面提到的针对"烤红薯"这类现象,以特征驱动唤醒,用得更多的往往是用词去驱动这个过程——具体的词作为种子先休眠,后期以该词在合适的条件下驱动唤醒。后期模块处理,条件比前期成熟。在全局的图结构中,驱动词可以用子图模式的方式,进行局部的结构重造,把被剪掉的枝嫁接回来。

我们在前面讲中文分词的时候,提到过中文处理当中一个很典型的例子"难过"(见"叁 中文分词的迷思")。词典通常都把"难过"收录为一个形容词词条。它表示人的心情不好,属于情绪性的词。这个词也有可能是两个词的组合,并不一定是单纯的形容词。

①这个小孩很难过。

②这条小河很难过。

说"这条小河很难过",它跟心情没有任何关系。在这种情况下,"难过"不是一个词,而是动词("过河")和形容词("难")的组合,它表示:(很难(过 这条河))。

"难过""好过"这种情况在中文自然语言处理当中叫作隐含歧义。在目前来说,隐含歧义是传统分词的"阿喀琉斯之踵",基于最长匹配原则的前置分词,是没有解决方案的。

凡是能词典化的歧义现象,以词为种子,休眠容易,唤醒也不难。做词典规则的细活,没有救不活的问题。唤醒的实质就是做词驱动的局部结构改造。有些唤醒也同时涉及词义消歧的问题。词一级休眠的歧义,唤醒所需要的就是解析完成后的词驱动规则,解析主线无需改变。"小孩很难过"与"小河很难过"是同样的解析。但是解析完成后,在调用词驱动唤醒模块的时候,消歧工作的条件已经具备——既有结构图,也有词节点的特征信息。"难过"消歧的个性规则不难想象,不外乎主语如果不是 human(人)或 animal(动物),就翻盘。这是宽的条件,也可以收紧。极端一点就是,若主语是river(河流)、street(街道)这类词,就翻盘。松紧可以根据数据去调适,达到精准与召回的合理平衡。譬如,前面两句没唤醒之前是这样的,处于休眠状态(图 10—7):

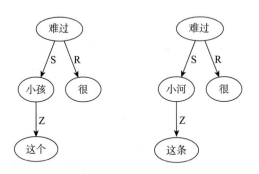

图 10—7　休眠状态

词驱动的子图唤醒规则伪码如下:

[难过:Split＜难/过＞]

[难:predicate] [过:＜C,2＞]

[S !human:＜O,3＞, Delink＜S,1＞]

规则说的是,子图匹配发现"难过"的主语(S)不是human(人),则做下列结构再造:首先,"难过"一分为二(Split),"难"赋值为 predicate(谓语),"过"做 2 号词"难"的补足语(C)。1 号词"难过"的原主语则删除(Delink＜S,1＞),改造为 3 号词"过"的宾语(O)。唤醒规则匹配上"这条小河很难过",改造后的结构图如下(图 10—8):

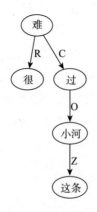

图 10—8 休眠唤醒的结构再造

可见,词一级休眠唤醒,原则上只需要后置一个词驱动的唤醒模块,就可以利用子图匹配翻盘。规则条件一端无须改变,只是结论一端需要增加结构重建的操作,不难实现。

郭:听李老师讲述多层系统因应歧义之道,很受教益。我们一共有三个武器,例外堵截、歧义包容和休眠唤醒,可以在不陷入非确定性组合爆炸陷阱的条件下,应对多层系统过早剪枝和错误放大的困扰。谢谢。

附录一　术语索引

213

215

附录二 解析结构图图例

- 词类：V ＝ Verb；N ＝ Noun；A ＝ Adjective；RB ＝ Adverb；DT ＝ Determiner；UH ＝ Interjection；punc ＝ punctuation
- 短语：VP ＝ Verb Phrase；AP ＝ Adjective Phrase；NP ＝ Noun Phrase；VG ＝ Verb Group；NG ＝ Noun Group；NE ＝ Named Entity；DE ＝ Data Entity；Pred ＝ Predicate；CL ＝ Clause
- 句法：H ＝ Head；O ＝ Object；S ＝ Subject；synS ＝ Syntactic Subject；C ＝ Complement；R ＝ Adverbial；M ＝ Modifier；B ＝ Buyu or post-predicate adjunct；possM ＝ Possessive-Modifier；mannerR ＝ Manner-Adverbial；veryR ＝ Intensifier-Adverbial；

  NX ＝ Next；CN ＝ Conjoin；sCL ＝ Subject Clause；oCL ＝ Object Clause；mCL ＝ Modifier/Relative Clause；Z ＝ Functional；X ＝ Optional Function